Peter Wohlleben

Bäume verstehen

Peter Wohlleben

Bäume verstehen

Was uns Bäume erzählen, wie wir sie naturgemäß pflegen

illustriert von Margret Schneevoigt

pala verlag

Inhalt

Dolmetscher gesucht 7

■ Im Porträt: die Eiche 10

Vom Mythos zum Plantagenbaum 11

■ Im Porträt: die Birke 14

Bäume in Freiheit 15

Die Wuchsform 19

■ Im Porträt: die Fichte 28

Die Wurzeln 29

Der Stamm 39

■ Im Porträt: die Linde 52

Die Äste 53

■ Im Porträt: die Pappel 64

Die Haut 65

Das Laub 83

■ Im Porträt: die Vogelkirsche 94

Die Blüten 95

Die Embryos 99

Botschaften 103
Wasserhaushalt und Winterschlaf 105
Machtkämpfe 107
Tierische Mitbewohner 109
■ Im Porträt: die Kiefer 114
Pflanzliche Untermieter 115
Nach dem Alter gefragt 119
Der tote Baum 127
Der Baum bei uns zuhause 129
■ Im Porträt: der Apfelbaum 130
■ Im Porträt: die Hainbuche 150
■ Im Porträt: die Rotbuche 158
Der kranke Baum 159
Menschengemachte Gefahren 175
Ein paar Worte zum Schluss 189
Der Autor 192
Index 193

Dolmetscher gesucht

Bäume sind rätselhafte Wesen. Sie stehen stumm in unseren Gärten, spenden in der Sommerhitze Schatten und lassen den Herbstwind durch das bunte Laub rauschen. Je nach Art beglücken sie uns mit reicher Ernte an Obst oder Nüssen, dienen als Gerüst für Hängematten und Schaukeln oder sind als Hausbaum ein markantes Stilelement. Sie sind die mächtigsten Lebewesen unseres Planeten, weisen die größte Lebensspanne auf, und doch wissen wir sehr wenig über diese Giganten. Manchmal ahnen wir, dass da noch mehr sein muss, dass unter der rauen Rinde Geheimnisse verborgen sind, die sich uns auf den ersten Blick nicht erschließen.

Erst in den letzten Jahrzehnten wurde der Vorhang ein wenig gelüftet. So machten Forscher in den siebziger Jahren des letzten Jahrhunderts eine aufregende Entdeckung. Sie beobachteten in den Savannen Afrikas, dass Pflanzenfresser in Bezug auf ihre Leibspeise, die Blätter der Akazien, ein merkwürdiges Verhalten an den Tag legen: Zunächst beknabbern sie minutenlang einen Baum. Allerdings nicht so lange, bis der Hunger gestillt ist, denn mit Fraßbeginn fängt die Akazie an, Bitterstoffe in ihr Laub einzulagern. Schmeckt es den Gazellen und Giraffen nicht mehr, so legen sie eine Distanz von 50 bis 100 Metern zurück, bevor der nächste Baum herhalten muss. Warum 50 bis 100 Meter? Die Forscher fanden heraus, dass sämtliche Nachbarbäume ebenfalls Bitterstoffe einlagern, und zwar binnen Minuten. Das wissen die Pflanzenfresser und fangen instinktiv erst in gewissem Abstand an, ihre Mahlzeit fortzusetzen. Die spannende Frage war, woher die anderen Akazien von der Bedrohung erfahren. Die Antwort liegt in einem Gas, *Ethylen,* welches der zuerst befressene Baum ausströmt. Dieser chemische Hilferuf alarmiert die Nachbarn und ruft die entsprechende Reaktion hervor.

Derartige Warnsignale sind mittlerweile von vielen Baumarten bekannt. Wahrscheinlich haben die meisten Pflanzen ein chemisches Kommunikationssystem, und wir sind umgeben von einer munter plaudernden Pflanzenwelt. Unter den Signalen sind sogar solche, die gezielt Fressfeinde bestimmter Raupenarten anlocken, die der Vegetation zu Leibe rücken. Da die Forschung erst am Anfang steht, darf vermutet werden, dass Bäume ein umfangreiches Vokabular an »Duftwörtern« besitzen.

Das Problem für unsere wissenschaftlich rational geprägte Gesellschaft ist, dass wir den Pflanzen seit dieser Entdeckung weitere Fähigkeiten zugestehen müssen. Gefühle zum Beispiel. Bohrt sich ein Insekt in die Rinde, so muss der Baum den Eindringling fühlen, es muss schmerzen, damit er mit Abwehrstoffen und der Warnung seiner Nachbarn reagieren kann. Bäumen Gefühle zuzugestehen, geht sicher vielen von uns zu weit. Bei Tieren haben wir weit weniger Probleme, weil diese uns viel ähnlicher sind. Gut, einige von ihnen haben mehr Beine, mehr Augen oder ein kleineres Gehirn, aber der grundlegende Bauplan ist im Groben doch derselbe. Pflanzen dagegen, ohne zentrales Nervensystem, scheinen so wenig durchschaubar zu sein, als wären sie von einem fernen Planeten. Dazu kommt das lebenslange Verharren am selben Platz, ein Zustand, der uns quirligen Menschen völlig fremd ist und das Verständnis für diese Mitgeschöpfe zusätzlich erschwert.

Dabei ist die Trennung zwischen Tier und Pflanze eine rein willkürliche. Pflanzen erzeugen ihre Nahrung selbst, während Tiere von anderen Lebewesen leben. Hieraus aber auch eine Trennung in fühlende, sich mitteilende Geschöpfe (Tiere) einerseits und automatisch funktionierende Bioroboter (Pflanzen) andererseits abzuleiten, ist angesichts der neueren Forschung nicht mehr angebracht. Dass dennoch Land- und Forstwirtschaft, ja unsere ganze Gesellschaft Pflanzen mehr als Gegenstände denn als Lebewesen sehen, macht den rücksichtslosen Umgang mit ihnen viel leichter. Würde man den aktuellen Forschungsstand berücksichtigen, so müsste der Forderung nach artgerechter Tierhaltung auch ein Appell nach einer entsprechenden Behandlung der Pflanzen folgen. Doch so weit ist unsere Gesellschaft noch nicht.

Wenn Bäume sich mitteilen können, so sollte es doch ein Leichtes sein, sie zu verstehen. Leider gibt es für solche Botschaften weder ein Wörterbuch noch ein Entschlüsselungsgerät. Als Baumfreund nützt Ihnen das Wissen um derartige Kommunikationsformen somit erst einmal nichts. Dennoch können Sie weit mehr erfahren, als es zunächst den Anschein hat. Als Vergleich mag die nonverbale Kommunikation beim Menschen dienen. Verhaltensforscher haben herausgefunden, dass wir in Gesprächen bei unserem Gegenüber blitzschnell und instinktiv erfassen, wie dessen Gemütszustand ist, welche Grundhaltung hinter dem Gesagten steht. Körperspannung, Haltung und Mimik sagen mehr als tausend Worte und entscheiden, wie wir auf die gesprochenen Botschaften reagieren. Exakt hier können wir ansetzen, wenn wir Bäume und deren Befinden besser begreifen wollen. Denn wie Menschen drückt ein Baum durch sein Äußeres sehr genau aus, wie es ihm geht, woher er kommt und wohin er will. Wenn man weiß, wohin man schauen muss und worauf zu achten ist, so sind diese Riesenpflanzen wie ein offenes Buch. Und erst mit dem Verstehen der Baumsprache können wir ihnen helfen, sich in unseren Gärten so wohl wie möglich zu fühlen, können rechtzeitig eingreifen, wenn ihnen Gefahr droht, und dafür sorgen, dass sie sich prächtig entwickeln und auch noch unseren Urenkeln Freude bereiten. Ob Apfel- oder Nussbaum, Platane oder Kiefer, Birke oder Buche: Jeder Baum hat viele Geschichten zu erzählen. Geschichten, die seinen Charakter formten, die tiefe Narben in seiner Borke und seinem Wesen hinterließen und ihn einzigartig machten. Dieser Ratgeber möchte Ihnen dabei helfen, die Bäume Ihrer Umgebung zu verstehen.

Willkommen also zu einem Sprachkurs der etwas anderen Art!

Im Porträt: die Eiche

Die beiden wichtigsten Eichenarten unserer Wälder sind die Stieleiche *(Quercus robur)* und die Traubeneiche *(Quercus petraea).* Wie wenig die Wissenschaft über Bäume weiß, kann man bei dieser Baumart bestaunen: Beide Arten vermischen sich, bilden Bastarde verschiedenster Ausprägungen, und genau genommen kann bis heute niemand mit Sicherheit sagen, ob es überhaupt zwei unterschiedliche Eichenarten sind. Ähnlich verhält es sich mit dem Alter. Jeder touristisch interessante Landstrich kann mit tausendjährigen Bäumen aufwarten, aber oft ist nur der Wunsch der Vater solcher Informationen. Mehr als 500 Jahre werden wohl selten erreicht. Zu allem Überfluss muss die Eiche auch den Titel des deutschesten aller Bäume abgeben, denn landschaftsbeherrschend im Großteil aller Gebiete zwischen Alpen und der Meeresküste war bis zur Umgestaltung durch den Menschen wohl die Buche.

Eichen sind sehr robuste Bäume. Egal, ob Nässe oder Trockenheit, verdichteter Boden oder Frostlagen, sie nehmen alles klaglos hin. Selbst großflächige Verletzungen, die bei anderen Arten in eine rasche Fäule münden würden, können sie dank ihres natürlich imprägnierten Kernholzes wegstecken, ohne dass die Stabilität gefährdet würde. Als Lichtbaumart steht sie gerne im vollen Sonnenlicht, zudem ist sie nicht zänkisch und verträgt sich gut mit anderen Arten. Insofern ist die Eiche der ideale Hausbaum. Im Garten erreicht sie nicht die Maximalgröße von 40 Metern.

Vom Mythos zum Plantagenbaum

Bäume spielten zu allen Zeiten eine bedeutsame Rolle im Leben der Menschen, lieferten sie doch den (neben Nahrungsmitteln) wichtigsten Rohstoff: Holz. Kein wärmendes Feuer, kein schützendes Zelt, keine Sicherheit bietende Waffen – ohne Bäume wäre der frühe Mensch kläglich gescheitert, seine Existenz bestenfalls eine Anekdote der Evolution geblieben.

Kein Wunder, dass die mächtigen Wesen verehrt wurden. Die heiligen Haine der Germanen waren gleichsam Kathedralen aus lebenden Stämmen, zwischen denen religiöse Rituale, wie etwa Tieropfer, abgehalten wurden. Christliche Missionare ließen daher alle infrage kommende Bäume fällen und pflanzten steinerne Heiligtümer auf die Hügel, um die Heiden zum Kirchgang zu bewegen.

Waren zur Römerzeit viele Wälder gerodet, so kehrte mit der Völkerwanderung um das Jahr 400 n. Chr. der Urwald in die verlassenen Siedlungen und Felder zurück. Doch schon innerhalb eines Baumlebens, also nach 500 Jahren, legten die zugewanderten Siedler wieder die Axt an. Die Namen der Orte, die in dieser Zeit entstanden, enden oft auf »-rath«, »-roth«, »-rode«, »-reuth« oder »-feld«. Trotz der Fällungen blieb aber noch ein ansehnlicher Teil unberührter Natur erhalten.

Die zweite mittelalterliche Rodungsphase setzte dem Wald weiter zu. Er musste nicht nur für Siedlungen weichen, sondern lieferte den Rohstoff für den Großteil des wirtschaftlichen Lebens.

Das Mittelalter mit seinen aufblühenden Städten wird als hölzernes Zeitalter beschrieben – ohne Bäume wäre es nicht denkbar gewesen.

Selbst die beginnende Industrialisierung stützte sich auf die geplünderten Wälder. Köhler, schwarze, verräucherte Gesellen, brannten zu Tausenden in stinkenden Meilern aus Buchen- oder Eichenholz Holzkohle. Auf kreisrunden Plätzen, zwischen fünf und zehn Meter im

Wälder mussten mit der Einführung des Ackerbaus den Anbauflächen weichen, außerhalb der Ackerflächen weideten Kühe oder Schafe. Halboffene Landschaften entstanden.

Durchmesser, errichteten sie ordentlich geschichtete Hügel aus Holz, die anschließend mit einer Erdschicht bedeckt wurden. In Brand gesetzt, kokelte und qualmte das Ganze etwa zwei Wochen vor sich hin, immer wieder begutachtet vom »schwarzen Mann«, der den richtigen Zeitpunkt zum Löschen nicht verpassen durfte. War es so weit, so wurde der Haufen mit Wasser aus einem nahen Bach durchnässt, und fertig war der begehrte Rohstoff. Um die Transportwege kurz zu halten, siedelten sich die ersten Stahlhütten, Glashütten oder Salzsiedereien inmitten der Wälder an. Und beschleunigten so deren Verschwinden.

Erst die Entdeckung der Stein- und Braunkohle beendete den Raubbau in den verbliebenen Waldresten. Die Industriebarone wanderten zu den Kohleminen, etwa ins Ruhrgebiet, ab und konnten ob der schier unerschöpflichen Energieträger ungebremst expandieren.

Zurück blieben verödete Landschaften, deren Wiederaufforstung die sich bildenden Forstverwaltungen zur Aufgabe machten. Großen Teilen der verarmten Landbevölkerung war über die Generationen die

Waldgesinnung völlig abhandengekommen. Das spiegelt sich sogar in den Märchen und Mythen, in denen Wald etwas Bedrohliches hat.

Die kargen Heidelandschaften wurden als Weidefläche für einen viel zu großen Bestand an Schafen und Ziegen benötigt – Bäume störten da nur. Zwar ließen die militärisch organisierten Forstverwaltungen Samen verschiedenster Baumarten an die Bauern verteilen mit der Order, diese in den ausgelaugten Boden zu säen. Doch die hungrige Bevölkerung dörrte das Saatgut nachts auf der Herdplatte mit der Folge, dass die unter den wachsamen Augen der Forstbeamten ausgebrachten Eicheln, Kiefern- und Fichtensamen zu keinem Erfolg führten.

Um die gleiche Zeit hatte sich, dem Zeitalter der Aufklärung sei Dank, der Blick auf die Natur geändert: Sie wurde so lange wissenschaftlich seziert, bis ihr schließlich das Mystische abhandenkam. Eingeteilt in Zahlen und Fakten schien sie berechenbar, besser noch planbar geworden zu sein. Dementsprechend legte man die neuen Wälder nun generalstabsmäßig an. Herangezogen in Pflanzgärten, ausgebracht von Bauern, die sich im Winter als Waldarbeiter verdingten, nahm die Wiederbewaldung bald große Maßstäbe an. Den Förstern, rekrutiert aus militärischen Jägerregimentern, waren dabei klare Linien am liebsten. Zugleich musste alles verbuchbar und kontrollierbar sein. Was lag da näher, als die neuen Forste in Kästchenform anzulegen? War beispielsweise eine Baumart in ihrem Wachstum auf 100 Jahre geplant, so waren im Laufe der Zeit 100 Waldquadrate zu pflanzen, eines pro Jahr. Erreichte ein Kästchen mit Bäumen das ihm zugedachte Höchstalter, so konnte es abgeholzt und anschließend wieder aufgeforstet werden. In dieser (theoretischen) Idealform stand in jedem Jahr eine Fläche zum Kahlschlag zur Verfügung, ohne dass der Nachschub stockte. Die Idee der Nachhaltigkeit war geboren. Zwar störten immer wieder Stürme oder auch Insekten das Konstrukt, indem sie ungefragt komplette Waldgebiete vernichteten. Dennoch halten bis heute die meisten Forstverwaltungen an dieser Flächenwirtschaft fest. Im Fachjargon wird sie Altersklassenwald genannt, weil die Bäume auf einer Flächeneinheit alle gleich alt (weil zum selben Zeitpunkt gepflanzt) sind. Mit Natur hat das Ganze allerdings nicht mehr viel zu tun. Um zu verstehen, wie weit diese monotonen Plantagen von ursprünglichen Wäldern entfernt sind, lassen Sie uns einen Blick in die Urwälder werfen.

Im Porträt: die Birke

Die häufigste Birkenart ist die Sand- oder Hängebirke *(Betula pendula)*. Sie ist mit ihrer weiß-schwarz gefärbten Rinde und den hängenden Zweigen gut zu bestimmen. Ihr riesiges Verbreitungsgebiet von Süditalien bis Nordschweden lässt erkennen, dass sie eigentlich überall gut zurechtkommt. Nur wenn es besonders nass wird, wird sie von ihrer Schwester, der Moorbirke *(Betula pubescens)*, abgelöst.

Birken sind wahre Einpeitscher: Alles muss schnell gehen, und so schießen sie in den ersten Jahrzehnten ihres Lebens teilweise über einen Meter pro Jahr in die Höhe (Endgröße etwa 25 Meter). Dabei dulden sie keine Konkurrenz durch andere Arten. Ihre hängenden, flexiblen Äste peitschen bei jeder Windbewegung die Kronen von Konkurrenten, sodass diese ihre obere Äste verlieren. Dieses egoistische Verhalten spiegelt ihre Natur des Einzelkämpfers wider, denn Birken brauchen keinen schützenden Mutterbaum, kommen bestens alleine zurecht. Sind sie allerdings ausgewachsen, so können in ihrem hellen Schatten viele andere Arten geschützt aufwachsen, denn Birken gehen mit Licht sehr verschwenderisch um und lassen davon jede Menge bis zum Boden durchdringen.

Das impulsive, stürmische Leben hat seinen Preis: Mit 120 Jahren ist das Höchstalter für Bäume sehr gering.

Bäume in Freiheit

Die Vorgänge, auf die wir in ursprünglichen Wäldern treffen, sind von einer unfassbaren Langsamkeit geprägt. Der moderne Begriff der »Entschleunigung« scheint wie gemacht für diese Ökosysteme.

Schon die winzigen Sämlinge werden von ihren Baumeltern im Wachstum gebremst. Die Resthelligkeit, welche durch die mächtigen Kronen bis zum Boden durchdringt, beträgt nur noch drei Prozent des Tageslichts – zu wenig zum Leben, zu viel zum Sterben. Um den Kleinen über das Schlimmste hinwegzuhelfen, knüpfen die Mutterbäume zarte Bande über die Wurzeln – und versorgen den Nachwuchs mit Zuckerlösung. Derart gebremst, aber auch gefördert, mickern die Jungbäume viele Jahrzehnte vor sich hin. Der biologische Sinn: Das ganz langsam gebildete Holz des Stämmchens ist äußerst dicht, damit sehr pilzresistent und flexibel. Stammverletzungen führen somit nicht zu einer lebensbedrohenden Fäulnis, und in Stürmen biegt sich der Baum, ohne zu brechen.

Der Lichtmangel ist natürlich kein Zufall: Er zwingt die Schösslinge dazu, gerade zu wachsen. Denn nur dann entsteht im Stamminnern ein gleichmäßiger Faseraufbau ohne Abweichungen oder Knicke, welche Sollbruchstellen darstellen würden.

Der lotrechte Wuchs wird erreicht, indem der Nachwuchs in regelrechten Kindergärten aufwächst. Diese Gruppen »streiten« sich um jeden Sonnenstrahl. Meint nun einer der Zöglinge, mit dem Leittrieb seitlich abbiegen zu müssen, so ziehen die anderen durch ihr Wachstum langsam an ihm vorbei und knipsen ihm das Licht aus. Der Krumme verhungert im Schatten der Musterschüler und wird wieder zu Humus.

Eines fernen Tages, wenn der Mutterbaum sein Leben aushaucht, seine verdorrten Äste die Helligkeit ungehindert bis zum Boden durchlassen, startet das größte Exemplar der Kindergartengruppe durch und wächst rasch zu einem stattlichen Baum heran.

Allerdings ist der Tod eines Riesen ein seltenes Ereignis. Die meiste Zeit über passiert in einem Urwald – nichts. Im Dämmerlicht können neben dem Baumnachwuchs kaum andere Pflanzen überleben, sodass ursprüngliche Wälder eher großen Hallen gleichen, zwischen deren Säulen der Wanderer umherwandeln kann – und zwar ohne Machete. Wälder hingegen, ob in Mitteleuropa oder am Amazonas, in denen Ranken und Sträucher den Weg versperren, sind grundsätzlich Sekundärwälder, Gebiete also, in welchen der Mensch schon einmal Holzeinschlag betrieben hat. Der Grund für die Dickichte: Fehlt die »Lichtbremse« in Form eines geschlossenen Kronendachs von Altbäumen, so kann am Boden allerlei Vegetation aufkommen, der es sonst zu dunkel wäre.

Bäume sind von Natur aus also sehr bedächtige Wesen, denen jede Hast fremd ist.

Baumsämlinge von Tannen, Fichten oder Buchen sind Nesthocker. Sie brauchen den Schutz und die Erziehung durch ihre Eltern.

Von Nesthockern und Nestflüchtern

Im Tierreich kennt man diese Begriffe: Als Nesthocker bezeichnet man Nachwuchs, der schön bei den Eltern bleibt und deren Fürsorge bedarf. Nestflüchter dagegen sind gleich nach der Geburt selbstständig, versorgen sich in Eigenregie und erkunden die Welt auf eigene Faust. Bei Baumkindern ist es nicht anders. Die meisten Arten brauchen, wie zuvor schon beschrieben, den Schutz und die Erziehung durch die eigenen Eltern. Vertreter dieser Kategorie sind beispielsweise Buchen, Eichen, Weißtannen oder Fichten. Notfalls genügen auch Stiefeltern, also fremde Bäume. Für einen gesunden Wuchs müssen aber in jedem Fall Altbäume über den Schösslingen stehen. Nesthocker haben daher in der Regel schwere Samen, die direkt neben dem Mutterbaum zu Boden plumpsen, damit die Kleinen schön bei der Mama bleiben. Trotzdem ist für einen Teil der Früchte auch ein gewisser Ferntransport wünschenswert, damit sich die Art neue Verbreitungschancen sichert. Manche bewerkstelligen dies mittels aerodynamischer Konstruktionen, wie etwa Propellern, mit deren Hilfe die Nüsschen vieler Nadelbäume, aber auch der Ahornarten Stürme für eine Art Auswanderung nutzen. Denn da Bäume ja nicht wandern können, müssen diesen Part die Embryos übernehmen (nichts anderes sind Samen nämlich). Bei den schwersten Baumsamen übernimmt den Transport ein tierischer Kurier. So legt der Eichelhäher nach jüngsten Forschungsergebnissen bis zu 10 000 Verstecke mit Eicheln oder Bucheckern an, die er aber nicht alle braucht. Die nicht verzehrten Leckereien keimen im Frühjahr in der Fremde und bilden den Grundstock für neue Eichen- oder Buchenwälder. Der größte Teil der Früchte bleibt jedoch in der Heimat.

Mithilfe solcher Tierkuriere in neue Landschaften aufzubrechen, ist ein langwieriger Prozess. Denn die Depots werden in der Regel höchstens einige Kilometer entfernt vom Mutterbaum angelegt. Nach 50 bis 100 Jahren Wartezeit geht die Reise weiter. Denn erst jetzt ist der aus den Samen entstandene Nachwuchs in der Lage, selber zu blühen und sich zu vermehren. Mit diesen Trippelschritten beträgt die Ausbreitungsgeschwindigkeit von Buchen und Eichen nur 20 Kilometer pro Jahrhundert.

Ganz anders ist dies bei Nestflüchtern. Ihre Embryos sind im Wortsinne federleicht. Um tatsächlich mit dem leisesten Windhauch auf Reisen zu gehen, geben ihnen die Eltern Flugkonstruktionen mit auf den Weg. Die schwereren Samen, etwa der meisten Nadelhölzer und der Ahornarten, besitzen Rotorblätter. Damit können sie den Fall vom Baum abbremsen und gleiten wie ein Hubschrauber durch die Lüfte.

Besser noch ist eine drastische Gewichtsreduzierung auf wenige Milligramm. Sind diese staubkorngroßen Samenkörner dann auch noch mit hauchzarten Haaren bestückt, steht einer Fernreise nichts mehr im Wege. So ausgerüstet können in einem Sturm Hunderte Kilometer überbrückt werden; entsprechend schnell kann die jeweilige Baumart wandern und neue Lebensräume erobern. Birken, Weiden und Pappeln sind solche Vertreter. Ihr Nachwuchs pfeift im Gegensatz zu Urwaldbäumen auf Erziehung und Schutz, ist ganz darauf trainiert, am neuen Standort flott in die Höhe zu schießen. Dazu brauchen sie allerdings viel Licht am Boden, welches es in waldfreien Gebieten im Überfluss gibt. Im Fachjargon nennt man sie auch Pionierbaumarten, weil sie überall dort Fuß fassen können, wo noch kein Wald existiert. Das rasche Wachstum hilft ihnen, der Konkurrenz durch Kräuter und Sträucher zu enteilen. Der Nachteil dieser Schnelligkeit und Hast, die ja eigentlich ganz baumuntypisch sind, besteht in einer erheblich kürzeren Lebenserwartung. So überschreitet kein Pionierbaum ein Alter von 150 Jahren, die wenigsten werden überhaupt 100 Jahre alt. Im dunklen Urwald haben Birken und Co. keine Chance, da ihr Nachwuchs im ewigen Dämmerlicht regelrecht verhungert. Daher sind sie auf Flächen angewiesen, in denen die Urwaldbildung gestört ist (wie etwa Waldbrand- oder Sturmwurfflächen). Oder auf Ihren Garten!

Die Wuchsform

Bevor wir ins Detail gehen und uns die einzelnen Bestandteile der Bäume genauer ansehen, sollten wir einen Blick auf die Gesamtform werfen. Denn diese verrät uns oft schon von Weitem, wie es um den Baum bestellt ist. Um die entsprechenden Schlüsse ziehen zu können, müssen wir uns zunächst einen Überblick darüber verschaffen, nach welchen Prinzipien Nadel- und Laubbäume wachsen.

Nadelbäume sind stur. Egal, was kommt, sie entwickeln schön gerade Stämme, die exakt nach oben weisen. Oder genauer gesagt streben sie immer in die entgegengesetzte Richtung wie die Schwerkraft. Ein Baum ist so gerade wie der andere, und das prägt auch die gewisse Monotonie von Nadelwäldern. Diese Uniformität macht es uns besonders leicht, Abweichungen festzustellen. So schaffen es starke Sturmböen manchmal nicht, einen Baum vollständig umzuwerfen. Mit letzter Kraft klammert sich dieser an den Boden, sodass sein Wurzelteller nur von der Windangriffsseite her hochgehoben wird. Auch wenn es nur wenige Zentimeter sind, so bewirkt diese Anhebung doch eine sichtbare Schiefstellung des Stammes. Gelingt es dem Baum, nochmals feste Erde unter die Füße zu bekommen, genauer gesagt, sich mit neuen Wurzelausläufern zu verankern, so kann das Wachstum weitergehen. Und zwar wieder senkrecht nach oben. Den schiefen Schaft kann der Baum nicht mehr korrigieren, da er ja immer nur an den Zweigspitzen, sprich oben, weiterwächst. Demzufolge entsteht ab diesem Moment eine Kurve im Stamm. Wenn Sie die Jahre von oben herab bis zum Beginn der Krümmung abzählen (siehe »Altersschätzung« auf Seite 120), so können Sie auch nachträglich den Zeitpunkt des Sturms feststellen.

Es gibt noch andere Kräfte, die einen Baum aus dem Gleichgewicht bringen. Wirken diese über lange Zeiträume gleichmäßig hinweg, wie beispielsweise häufige Winde in rauen Höhenlagen, so wächst der Stamm wie eine lang gezogene Kurve. Eine ähnliche Wirkung hat das sogenannte »Bodenfließen«. In Hanglagen ist die obere Bodenschicht oftmals instabil. Sie »fließt« im Laufe der Jahre wie zäher Pudding ganz langsam zu Tal, oft nur im Bereich von Zentimetern oder Millimetern pro Jahr. Mit bloßem Auge ist das nicht wahrzunehmen, aber die Bäume verraten die Bewegung. Im gleichen Maße, wie der Schaft durch den rutschenden Untergrund schiefgestellt wird, versucht er oben wieder gerade zu wachsen. Das Resultat ist ebenfalls ein bogenförmiger Stamm.

Laubbäume verhalten sich grundsätzlich nach denselben Gesetzmäßigkeiten. Sturm oder Boden können also zu gleichen Wuchsbildern, zu ähnlich schiefen oder gekrümmten Stämmen führen wie bei den Nadelbäumen. Es gibt aber doch einen entscheidenden Unterschied: Obwohl es bei Laubbäumen auch möglichst senkrecht nach oben geht, halten sie sich nicht sklavisch an diese Vorgabe. Sobald es die Chance gibt, irgendwo mehr Licht zu erhaschen, biegen sie ab. Sie recken sich mit ihren Ästen in Richtung Helligkeit, und aus dem kräftigsten dieser Äste wird später der Stamm. Welche Ursache für den Schiefstand verantwortlich ist, verrät bei Laubbäumen erst ein Blick auf die Lichtsituation. Gerade an Waldrändern ist der Unterschied zwischen Laub-und Nadelbaum gut zu beobachten. Während die benadelten Kollegen brav aufwärts streben, drängeln sich junge Laubhölzer ungestüm zum Rand hin durch. Der Vorteil: Obwohl Bäume naturgemäß ihren Standort nicht wechseln können, kann ein Laubbaum seinen Kronenaufbau um immerhin bis zu fünf Meter seitlich verlagern. Klingt nicht viel, ist aber ein bedeutender Unterschied. Das vermag eine kleine Beispielrechnung verdeutlichen: Ein Nadelbaum kann einen Kronenradius von acht Metern erreichen. Somit ist er auf die Lichtverhältnisse angewiesen, die auf diesen 201 Quadratmetern herrschen (= Kreisfläche der Krone). Ist auf dieser Fläche nicht genügend Platz und kein ausreichendes Licht vorhanden, da hier schon Konkurrenten stehen, so kann aus dem Baum nichts werden. Selbst wenn einige Meter entfernt jede Menge Sonnenstrahlen auf den Boden treffen, nutzt das dem jungen Baum wenig, da er ja nicht zur Seite wachsen kann. Bestenfalls wartet er lange Zeit und hofft, dass einer der Vorgänger das Feld durch Absterben räumt und so das Licht von oben anknipst.

Laubbäume können ihre lichtarmen Standorte nicht wechseln, aber ihre Kronen so verlagern, dass sie viele Sonnenstrahlen einfangen.

Laubbäume dagegen können in der schon geschilderten Weise die Krone verlagern, indem sie einfach einen schiefen Stamm ausbilden. Bei angenommen maximal fünf Meter Verlagerung und gleichem Kronendurchmesser erhöht sich dementsprechend der Radius um den Stamm von acht auf dreizehn Meter. Damit vergrößert sich die Fläche, auf der sich eine Lichtmöglichkeit finden kann, auf beachtliche 531 Quadratmeter. Durchschnittlich haben Laubbäume mehr als doppelt so viele Chancen, ein Fleckchen mit genügend Licht zum Wachstum zu ergattern. Das kann für das Überleben entscheidend sein.

Bäumchen im Wartestand, denen es momentan zu dunkel ist und die auf mehr Helligkeit in der Zukunft hoffen, können Sie übrigens recht einfach erkennen: Egal, ob Nadel- oder Laubbaum, alle bilden längere Triebe an den Seitenästen als am Leit-/Höhentrieb. Das hat einen simplen Grund: Mit Volldampf alles in das Wachstum nach oben zu investieren, ist vergeudete Energie, da die Kraft im Schatten großer Bäume einfach nicht zum Erreichen des obersten Stockwerks ausreicht. Sinnvoller ist es, das bisschen Licht, welches zwischen den Altbäumen den Boden erreicht, möglichst vollständig aufzufangen. Und das kann man nur, indem man mit den Ästen rasch in die Breite wächst.

Das alles kann man aber auch weniger theoretisch sehen, ohne den Blick für das Wesentliche zu verlieren: Achten Sie einmal bei Ihrem nächsten Waldspaziergang auf Laubbäume verschiedenster Größen. Auch ohne die vorangegangenen Erklärungen können Sie intuitiv deren Zustand erfassen. Sind es hohe, majestätische Bäume mit einer mächtigen Krone? Diese haben es tatsächlich geschafft und sind die Herrscher des Waldes. Oder stehen sie gekrümmt und geduckt unter den größeren Exemplaren? Solche Bücklinge leiden wirklich unter der »Lichtknute« der Herrschenden, ducken sich weg und kümmern vor sich hin.

Jede Baumart besitzt eine charakteristische Form der Krone und der Zweige. So biegen sich die Astenden von Rosskastanien wie altmodische Schnurrbärte nach oben, während ältere Birken die Arme hängen lassen. Dahinter steckt oft ein tieferer Sinn: So recken sich beispielsweise Buchenzweige himmelwärts, um jeden Regentropfen zu ergattern. Entlang der Äste rinnen diese dann zielgerichtet zu den eigenen Wurzeln.

Bei Fichten gibt es unterschiedliche Rassen. Die eine lässt die Zweige von den Ästen baumeln, ganz wie Lametta vom Weihnachtsbaum. Was ein wenig traurig anmutet, dient dem Auskämmen von Nebel: Wabern die Schwaden im Frühjahr und Herbst durch die Krone, so hebt unter dem Baum bald ein heftiges Tropfen an. Fichten dieser Kategorie lassen es somit regnen, während andere Arten noch dürsten müssen.

Vertreter der schneereichen Regionen ordnen ihre Äste und Zweige dagegen dachziegelartig übereinander an. Fällt im Winter die weiße Pracht, so summiert sie sich zu einer tonnenschweren Last. Die Äste werden heruntergedrückt, allerdings ohne zu brechen. Denn die obere Lage stützt sich auf der jeweils unteren ab, sodass der eingepuderte Baum schließlich mit angelegtem Grün schmal und wartend da steht.

Auch die Birke verfolgt mit ihrem hübschen Hängewuchs kein optisches Ziel. Die pendelnden Zweige erinnern an Peitschen, und genau dies ist der Sinn. Steht nebenan ein anderer Baum, so bekommt er mit jedem Windstoß einen Schlag. Über die Monate und Jahre hält das auch der stärkste Trieb nicht aus: Er stirbt ab, das Höhenwachstum ist damit vorerst beendet. Konkurrenten der Birke kommen neben ihr im Wachstum oft nicht recht voran und bezeugen ihr Leid mit einem zerfetzten Gipfel.

Kronengröße

Bäume sind soziale Wesen, und wie in jeder Gemeinschaft gibt es Hierarchien. Der absolute Spitzenplatz ist im Wortsinne ganz oben, über den Wipfeln der anderen. Hier scheint die Sonne ungehindert auf die Blätter, hier können Zucker und Holz im Überfluss gewonnen werden.

Im oberen Stockwerk bekommt der Baum am meisten Licht und bildet eine mächtige Krone aus.

In Ihrem Garten oder in Parks gilt das für fast alle Bäume, da der Abstand zwischen ihnen meist so groß ist, dass sich jeder ungestört entwickeln kann. Im Wald sieht die Sache jedoch ganz anders aus, da sich hier Tausende Exemplare nach dem Licht recken. Sie kämpfen dabei zwar nicht gegeneinander (siehe Kapitel »Freunde« auf Seite 54), haben aber dennoch sehr unterschiedliche Stellungen. Man kann sogar ohne Übertreibung von einer Rangordnung sprechen, ähnlich einem Wolfsrudel. Auch hier würde jedes Tier gerne die Spitzenposition einnehmen, profitiert aber als rangniederes Mitglied ebenfalls von der Gemeinschaft.

Oberhäupter eines Waldes sind die großen Exemplare, welche mächtige Kronen gleichmäßig nach allen Seiten ausbauen konnten. Die ausladenden Äste tragen rund 200 000 Blätter, die über 1000 Quadratmeter Oberfläche bilden, bei ausgewachsenen Nadelbäumen sind es sogar noch einige Quadratmeter mehr. Neben ihnen stehen Bäume, die zwar gleich hoch sind, aber eine erheblich geringere Kronenausdehnung haben. Sie besetzen die kleinen Lücken, die zwischen den Riesen verbleiben. Auch sie sind in der Blüte ihrer Jahre, haben Teil am Sonnenbad in den Wipfeln, können aber wegen der kurzen Äste und der reduzierten Blattmasse deutlich weniger Kraft tanken als die mächtigen Nachbarn.

Steigen wir in der Rangfolge tiefer hinab, und zwar wörtlich. Denn das obere Stockwerk ist mit den zwei zuvor genannten Kategorien voll besetzt, sodass für weitere Bäume kein Platz mehr verbleibt. Wer es nicht bis ganz oben schafft, muss warten. So sind solche Exemplare etliche Meter kürzer und damit vom direkten Lichteinfall abgeschnitten. Ihre Krone ist schmaler, die Äste sind dünner. Oft biegt sich die Spitze zur Seite, so als ob der Baum resigniert. Diese Bäume sind die Kronprinzen, haben aber, ähnlich wie Prinz Charles in Großbritannien, schier endlos lange zu warten, bis sie an die Reihe kommen. Wachsam müssen sie aber dennoch sein. Denn wenn eines Tages eines der Oberhäupter müde wird und stirbt, so gilt es, rasch in die entstehende Lücke hineinzuwachsen, bevor es ein anderes Bäumchen tut. Denn sobald ein Nachrücker den Platz einnimmt, ist der Vorhang wieder geschlossen, und die nächste Chance kann durchaus erst in 200 Jahren kommen. So lange aber kann nicht jeder kleine Baum warten, für viele von ihnen ist die Reise schon vorher zu Ende, und sie zerfallen zu Humus.

Bei Lichtmangel verharren kleine Bäumchen jahrzehntelang. Ist der mächtige Nachbar eines Tages weg, wird für sie der Platz an der Sonne frei.

Von unten können Sie diese Rangordnung als Spaziergänger nicht immer einwandfrei erkennen. Es gibt aber ein einfaches Hilfsmittel: den Stammdurchmesser. Ohne Wenn und Aber gilt die Regel: je dicker der Baum, desto höher die Position. Denn in einem Wald wachsen entgegen der landläufigen Meinung nur die größten Bäume rasch; sie haben die umfangreichste Fläche an Sonnensegeln und produzieren damit auch die größten Mengen an Zucker, Proteinen und Holz. Die Kleinen unter ihnen verharren mangels Licht jahrzehntelang als dünne Bohnenstangen. Wie wenig das Wachstum solcher Zwerge voranschreitet, verdeutlicht ein Beispiel aus meinem Revier: Da steht eine mächtige, etwa 200 Jahre alte Buche neben einem mickrigen Bäumchen, dessen Stamm kaum zehn Zentimeter Durchmesser bringt und dessen Gesamthöhe rund sechs Meter beträgt. Seine flach abstehenden Äste signalisieren, dass es den Kampf ums Licht, den Trieb in die Höhe, vorerst aufgegeben hat. Das geschätzte Alter dieses Zwerges sind schier unglaubliche 150 Jahre.

Schlaksig oder stämmig

Bäume müssen, um erfolgreich zu sein, sehr alt werden. Zum einen setzt man sich nur dann gegen die Konkurrenz durch, zum anderen sollten zahlreiche Jahre mit reicher Samenproduktion folgen, um dereinst wenigstens einen Nachfolger mit dem eigenen Erbgut zu haben.

Licht ist der wichtigste Konkurrenzfaktor. Nur wer eine große Krone ausbauen kann, dauerhaft Sonnenstrahlen mit vielen Blättern einfängt, kann das Lebensziel erreichen. Daher versuchen alle Bäume, so groß wie möglich zu werden, um den Nachbarn zu enteilen. Wer oben ist, ist klar im Vorteil. Allerdings nimmt mit steigender Höhe auch die Hebelwirkung zu. Die tonnenschwere Last von Laub und Zweigen will getragen sein. Und dieser Balanceakt wird bei großen Bäumen zunehmend wackeliger, ähnlich einem Stelzenläufer, der immer längere Hölzer verwendet.

Sobald es stürmisch wird, walten enorme Hebelkräfte am Stammfuß. Untersuchungen ergaben, dass bei Windstärke 12 bis zu 1000 Kilonewtonmeter am Baum wirken. Hinter dieser physikalischen Größe verbirgt sich eine Kraft, vergleichbar einem Gewicht von 100 Tonnen, die am Baum zerren. Kein Wunder, dass so manches Exemplar wie ein Streichholz knickt.

Grundsätzlich wäre es kein Problem für Bäume, den Stamm so massiv zu gestalten, dass dieser jedem Sturm trotzt. Dabei steigt die Stabilität mit einer Verdoppelung des Stammdurchmessers um das Achtfache. Warum also nicht einfach alles ein bisschen dicker machen?

Exemplare, die Platz nach sämtlichen Seiten haben, also beispielsweise in einem Garten oder Park, tun genau dies. Ihre Stämme sind dick und kräftig, wirken manchmal überdimensioniert. Sie können sich solch eine verschwenderische Konstruktion leisten, denn eines fehlt neben ihnen: Konkurrenz. Sobald diese auftaucht, muss sich jeder Baum zweimal überlegen, ob er statt in die Breite nicht lieber in die Höhe wächst. Einmal abgehängt, ist kaum noch nennenswertes Wachstum möglich, da er dann ein sprichwörtliches Schattendasein fristen muss.

Jeder Baum kann sehr genau einschätzen, wie viel er in die Sturmsicherung investieren muss. Ist ein Teil des Holzkörpers zu schwach konstruiert, kommt es bei starken Winden, den Baum biegen, zu Dehnungen oder Stauchungen des Stammgewebes. Aua! Um dies künftig zu vermeiden, wird mehr Holzmasse produziert, sodass der Stamm rascher dick wird. So pendelt sich die Konstruktion im Laufe der Jahre auf einen Wert ein, der für den Baum auf seinem speziellen Standort ausreichend ist. Allerdings hat diese Einschätzung einen Haken: Da Bäume sehr gemächliche Wesen sind und auch uralt werden, gehen sie davon aus, dass sich die äußeren Umstände nicht verändern. Neben der Hauptwindrichtung und der Stärke der herbstlichen Stürme gehört dazu auch das soziale Umfeld. Stehen die Nachbarbäume schön dicht, sodass man sich bei Windstößen anlehnen kann? Sind gar einige außergewöhnlich hohe Exemplare in der Nähe, die besonders heftige Orkanböen brechen und mildern? Ist dies der Fall, so kann etwas mehr Energie in das Höhenwachstum investiert werden, und der Stamm bleibt schlank.

Nun stehen die meisten Bäume auf Parzellen, die der Mensch in irgendeiner Weise nutzt. Für den Wald bedeutet dies, dass hin und wieder einzelne Exemplare gefällt werden. Deren Nachbarn verlieren dadurch an Stabilität, fehlen doch die starken Schultern der Freunde. Diese überraschende Änderung beschäftigt Bäume zwischen drei und zwanzig Jahre. Erst dann sind sie so sturmfest wie vor dem Eingriff, haben die fehlende Stützwirkung der Gefällten kompensiert. Stürme sind in dieser Umstellungsphase viel gefährlicher, und häufig beginnt eine fatale Kettenreaktion: Der instabile Baum wird umgeblasen und beraubt nebenbei weitere Nachbarbäume um ihren Halt, die dann ihrerseits umkippen. In Nadelforsten, dicht gepflanzt in Reih und Glied, ist das Phänomen besonders oft zu beobachten. Sie verhalten sich nicht anders als ein Getreidefeld, welches nach einem Gewitterregen daniederliegt. Regelmäßig berichten die Medien im Winter von ganzen Höhenzügen, in denen der komplette Wald umgefallen ist.

In Urwäldern kommt so etwas nicht vor. Große und dicke Bäume beherrschen das Bild, trotzen den Stürmen und brechen die heftigsten Winde. Braust eine Orkanwalze heran, so wird sie durch den Anprall gegen die Urwaldriesen in viele kleinere Böen zerfasert, die viel weniger Schaden anrichten können. Die jüngeren Bäume, die geduckt im Windschatten stehen, bleiben so bestens geschützt. Und kippt doch einmal einer der Riesen, so steht unter ihm schon der eigene Nachwuchs bereit, die Lücke zu füllen.

Im Porträt: die Fichte

Die einzige heimische Fichtenart ist die Rotfichte *(Picea abies)*. Heimisch ist sie allerdings nur in den Hochlagen der Alpen und der Mittelgebirge (im Bayerischen Wald kommt sie erst deutlich oberhalb von 1000 Meter Höhe natürlich vor). Auf 99 Prozent der Fläche Mitteleuropas war sie ursprünglich nicht zu finden.

Aus ihrer eigentlichen Heimat, der Taiga, hat sie einen unbändigen Durst mitgebracht sowie eine Vorliebe für kühle Sommer. Beide Bedürfnisse können hier nicht befriedigt werden, sodass sie in Mitteleuropa sehr anfällig für Krankheiten und Schädlinge ist. Zudem wurzelt sie auf kulturell veränderten Böden (ehemalige Äcker und Wiesen) sehr flach, was sie zum leichten Opfer von Stürmen werden lässt. Bei einer möglichen Endgröße von 40 Metern wird sie zur Gefahr für ihre Besitzer. Fichten sind deshalb als Gartenbäume nicht zu empfehlen.

Noch ein Wort zu den Fichtenzapfen: Nachdem sie ihre geflügelten Samen entlassen haben, fallen sie intakt zu Boden (und können hier von Kindern als Spielzeug aufgesammelt werden). Genau das unterscheidet sie von den Tannenzapfen, als welche sie häufig irrtümlich tituliert werden. Tannenzapfen zerbröseln stets auf den Zweigen, fallen also als Puzzlespiel zu Boden.

Die Wurzeln

Wurzeln sind die geheimnisvollsten Organe eines Baums. Sie sind seine Beine und sein Mund, gleichzeitig aber auch sein Herz. Denn sie stützen und halten den oberirdischen Teil, der viele Tonnen wiegen kann, sie saugen Wasser und Nährstoffe auf und pumpen die Lösung in den Stamm und die Äste.

Der Wassertransport ist übrigens bis heute nicht vollständig enträtselt worden. Ein ausgewachsener Baum muss Höhenunterschiede von bis zu 130 Meter Höhe (so groß sind die höchsten Bäume der Erde) bewältigen können. Selbst für die 40 Meter, die unsere heimischen Arten im Durchschnitt erreichen, genügen die gängigen Erklärungsmodelle nicht. Denn um das Wasser bis in die Gipfeläste zu transportieren, ist der zwei- bis dreifache Druck eines gefüllten Autoreifens erforderlich. Als wirkende Kraft wird von Forschern die Kapillarkraft genannt, welche auch bei Ihrer Kaffeetasse den Inhalt am Rand einen Millimeter in die Höhe zieht. Hinzu rechnet man noch die Transpiration: Wenn der Baum oben durch die Atemöffnungen seiner Blätter Wasserdampf entlässt, wird infolge der Saugspannung von unten Wasser nachgezogen. Dennoch reichen beide Kräfte bei Weitem nicht aus, den erforderlichen Druck zu bewerkstelligen. Dass die Transpiration keine wesentliche Rolle spielt, können Sie selbst in jedem Frühjahr beobachten. Kurz vor dem Laubaustrieb schwellen die Knospen aller Bäume an, der Wasserdruck ist der höchste im gesamten Jahreslaub. Will man Wasser, etwa von Birken oder auch dem Zuckerahorn gewinnen, so ist jetzt der richtige Zeitpunkt. So heftig schießt der Saft in den Stamm, dass man es mit einem angelegten Stethoskop hören kann. Transpirationskräfte können jedoch nicht wirken, da ja noch gar keine Blätter am Baum sind! Es darf als gesichert gelten, dass der Baum mit seinen Wurzeln aktiv pumpen kann.

Der Boden

In der Fachliteratur wird jeder Baumart ein gewisser Bodentyp zugeordnet, der für sie optimal sei. Erlen etwa vertragen stehendes Wasser im Untergrund, ohne dass ihre Wurzeln faulen, im Gegenteil: Diese Art gedeiht unter solchen Umständen ganz besonders prächtig. Es gibt noch weitere Bäume, die ebenfalls vollgelaufene Keller tolerieren.

Alle anderen Kategorisierungen, wie etwa tiefgründige, feuchte Böden oder Trockenstandorte mit wenigen Nährstoffen, sind fragwürdig. Denn grundsätzlich wachsen alle Bäume gerne in fetter, gut durchlüfteter Erde mit hoher Feuchtigkeit. Unter diesen Idealbedingungen kann es aber nur einen Sieger geben, da sich die Baumarten im Wuchs voneinander unterscheiden, und sei es nur in Nuancen. Wer der Gewinner ist, zeigt ein Blick auf die sogenannte potenzielle natürliche Vegetation, also das, was ohne Zutun des Menschen vorherrschte. Und das ist in Mitteleuropa auf den meisten Standorten die Buche. Würden Förster, Stadtplaner oder Gartenbesitzer nicht auch anderen Spezies eine Chance geben, so wären wir von Buchenurwäldern umgeben.

Stetig wächst sie bis ins hohe Alter, durchdringt die Kronen fremder Arten und dunkelt sie mit ihrem Laub aus, bis die dermaßen bedrängte Konkurrenz abstirbt. Seit nunmehr 5000 Jahren marschiert sie von Süd nach Nord und schickte sich aktuell an, Südschweden zu erobern, würden wir sie nicht bremsen.

Buchen sind Wohlstandspflanzen, die Probleme bekommen, sobald die Umstände schwieriger werden. Trockenheit, Nährstoffmangel, flache, steinige Böden – für Buchen sind solche Hungerkuren zwar auszuhalten, aber ihre große Konkurrenzkraft können sie hier nicht mehr ausspielen. Ganz im Gegensatz zu anderen Arten. Die Eiche etwa verträgt deutlich mehr Trockenheit, aber auch mehr Kälte. Sobald die Buche in derartigen Gegenden aufkreuzt, wird sie von der Eiche in die Zange genommen, die den Spieß nun umdreht. Daher ist beispielsweise in Brandenburg mit seinem trockenen Kontinentalklima ein Wechsel der natürlichen Buchen- zu Eichenwäldern zu beobachten.

Immergrüne Nadelbäume können überall dort ihren Vorteil ausspielen, wo es auf rasches Reagieren ankommt. Das ist in Regionen mit verkürzten Vegetationszeiten der Fall. Wo nur wenige Wochen Sommer herrscht, zählt jeder Tag. Und während die Laubbäume im kurzen Frühling noch mühsam ihre Blätter entfalten, produziert ihre Konkurrenz schon Zucker und Holz. Daher ist ab Mittelschweden ein Wechsel von Laub- zu Nadelholz zu beobachten.

Zusammenfassend kann man sagen, dass alle Baumarten gute Verhältnisse lieben. Je schlechter jedoch die Umstände, desto mehr kommen die bescheideneren, anspruchsloseren Arten zum Zuge. Auf Ihren Garten bezogen bedeutet dies, dass Sie bei gutem Boden jede Art pflanzen können. Sind die Verhältnisse ungünstig, so sollten Sie die Asketen ihren Vorteil ausspielen lassen, da sie auf verschiedene Extreme spezialisiert sind.

Wackelkandidaten

Oft höre und lese ich von verschiedenen Wurzeltypen. Da soll es Bäume mit Pfahlwurzel, Herzwurzel oder Flachwurzel geben. Und tatsächlich dringen einige Arten sehr tief ins Erdreich vor, wie etwa Eichen oder Tannen. Sie können sich entsprechend besser Wasservorräte erschließen oder auch stärker gegen Stürme absichern. Alles andere ist, mit Verlaub gesagt, Humbug. Besonders die Flachwurzler (speziell die Fichte) tauchen in Zusammenhang mit Orkanschäden immer wieder in der Presse auf, und auch einige meiner Kollegen werden nicht müde, davon zu erzählen.

Neben der Nährstoffaufnahme ist die Wurzel das Halteorgan des Baums, ohne sie würde er umfallen. Die Evolution ist gnadenlos. Bäume, die von ihrer Veranlagung her nicht willens wären, sich festzuhalten, genetisch bedingt ein anfälliges Wurzelsystem bilden würden, hätten keine Chance. Die Winterstürme sorgten dafür, dass sie aussortiert würden und Platz machten für besser aufgestellte Arten.

Der Mythos des Flachwurzlers rührt vom Fichtenanbau in wärmeren Klimazonen und ungeeigneten Böden her. Von Natur aus wachsen sie in der Taiga, dem nördlichen Nadelwaldgürtel der Erde, wo es kalt und regenreich ist. Frühjahr, Sommer und Herbst dauern nur wenige Wochen, sodass selbst hundertjährige Exemplare kaum größer werden als ein fürs Wohnzimmer passender Weihnachtsbaum.

Verfrachtet man eine solche Art nach Süden (also zu uns), wo sie volle sechs Monate pro Jahr wachsen kann, erreicht sie ganz andere Dimensionen. Zudem, und hier liegt das eigentliche Übel, wird sie häufig auf ehemaligen landwirtschaftlichen Böden angebaut. Und das sind in Deutschland fast alle Flächen, denn bis zum 18. Jahrhundert war der Wald nahezu überall verschwunden und musste Äckern oder Weiden weichen. Kümmerliche Viehpflüge kratzten das Erdreich auf und bereiteten es für eine karge Ernte vor. In etwa 20 Zentimeter Tiefe schabte der Pflug durch den Boden und grub ihn nicht nur um, sondern verschmierte ihn auch. Damit verstopften auch die Luftkanäle und Poren, sodass der Sauerstofftransport in tiefere Schichten unterbrochen war. In der Folge erstarb das Bodenleben. Die regelmäßige Beweidung durch Schafe führte auch bei Hanglagen, die für Ackerbau zu steil waren, zu ähnlichen Bodenschäden.

Auch der Wassertransport war gestört: Nach Regenfällen füllten sich die oberen 20 Zentimeter wie eine Badewanne, um nach wenigen Wochen umso schneller wieder auszutrocknen.

Diese Bodenschäden sind bis heute nicht ausgeheilt, im Gegenteil. Die großen Forst- und Landmaschinen bewirken durch ihr Gewicht eine ebensolche Zerstörung des Porengefüges mit denselben Folgen.

Die empfindlichen Wurzeln der meisten Baumarten, so auch der Fichte, ersticken ohne Sauerstoff im malträtierten Boden. Tiefer als 20 Zentimeter können sie nicht mehr eindringen. Wegen ihrer Größe, bedingt durch unsere langen Vegetationsperioden, und der kraftlosen, erstickten Wurzeln werden Fichten und Co. ein leichtes Spiel der Stürme. Achten Sie einmal auf den Wurzelteller eines durch Sturmböen gestürzten Baums: Er ist glatt, wie mit dem Rasiermesser geschnitten, und ist selten dicker als 20 Zentimeter. Exakt dies ist die mittelalterliche Pflugsohle oder ein neuzeitlicher Verdichtungsschaden durch schweres Gerät. Da die meisten Fichtenwälder auf derartigen Böden gepflanzt wurden, entstand der Mythos einer flachwurzelnden Baumart. Bis auf wenige Ausnahmen bilden unter solchen Verhältnissen aber alle Arten Flachwurzeln aus, seien es Obstbäume oder Buchen. Möchten Sie auf geschädigten Parzellen standhafte Bäume

Auf gestörten Böden bilden nicht nur Fichten, sondern auch andere Baumarten flache Wurzelteller aus. Ein Sturm kann sie dann leicht zu Boden werfen.

pflanzen, so wären Eichen oder Weißtannen zu empfehlen. Denn diese Arten durchdringen die luftarme Schicht und können den Boden so wieder regenerieren.

In die Breite

Wenn der Baum wächst, müssen auch die Wurzeln Schritt halten. Je größer die oberirdische Biomasse, desto mehr Wasser und Nährstoffe müssen bereitgestellt werden. Und damit keine Stockung eintritt und immer genug Rohstoffe zur Verfügung stehen, eilen die Wurzeln dem oberirdischen Wuchs voraus. So ist der Baum auch gleichzeitig statisch abgesichert, kann sich bei Orkanen im Erdreich festkrallen.

Grundsätzlich gilt die Regel, dass der Wurzelraum der Größe der Krone entspricht. Projizieren Sie also den Kronendurchmesser gedanklich auf den Boden um den Stamm, so kennen Sie die Ausdehnung der Wurzeln. Das ist aber nur der theoretische Idealfall. Denn in der Praxis zeigt sich immer wieder, dass gerade frei stehende Bäume mit ihren Wurzeln viel weiter wandern. In Garten und Parks nutzen sie das Fehlen von Konkurrenz und lassen ihre unterirdischen Ausläufer oft zehn Meter und mehr über den Kronenradius hinaus durch den Rasen wachsen. Daher sind solche Bäume auch besonders standfest. Umgekehrt haben dicht nebeneinanderstehende Exemplare oft ein viel zu kleines Wurzelwerk; sie verlassen sich in der Standsicherheit auf ihre Nachbarn, bei denen sie sich anlehnen.

Hilfsarbeiter

Pilze sind sonderbare Wesen: Sie bilden neben Pflanzen und Tieren ein eigenes Reich. Fotosynthese wird nicht betrieben; sie sind im Nahrungserwerb, genau wie Tiere, auf andere Lebewesen angewiesen. Ihre Zellwände bilden viele Arten aus Chitin, welches nicht bei Pflanzen, aber beispielsweise bei Insekten vorkommt. In der Summe der Eigenschaften stehen Pilze damit den Tieren näher als den Pflanzen.

In Bezug auf Bäume ist eine besondere Form der Symbiose von Bedeutung: die Mykorrhiza. Die Pilze umspinnen als zartes Geflecht die Feinwurzeln der Bäume und vergrößern deren Oberfläche um ein Mehrfaches. Ähnlich einem Wattebausch saugen die Pilze Wasser und Nährstoffe aus dem Boden und geben sie an die Wurzeln weiter. Für diese Arbeit werden sie vom Baum entlohnt: Er leitet aus den oberen Etagen Zucker und andere Kohlenhydrate an die Kellerarbeiter hinunter und hält sie damit bei der Stange.

Nebenbei schützen die Partner die empfindlichen Wurzelspitzen vor dem Befall durch krankheitserregende Organismen, etwa Bakterien oder räuberische Pilze.

Auch als Zwischenspeicher für Nährstoffe und Wasser bieten sich Mykorrhizapilze an, sodass der Baum in Mangelzeiten weiter Fotosynthese betreiben kann. Dieser dankt es seinen Gastarbeitern allerdings nicht immer durch unbedingte Treue: Er sichert sich gegen den

Ausfall einer einzelnen Art ab und sattelt bei sich ändernden Umweltbedingungen einfach auf andere Helfer um. Umgekehrt gibt es viele Pilze, die sich mit verschiedenen Baumarten gut vertragen. So kann der Steinpilz sowohl in Buchen- als auch in Fichtenwäldern vorkommen. Einige Spezies haben sich aber auf Gedeih und Verderb an eine Baumart gebunden; ihr Name verrät bereits ihren Partner: Rostroter Lärchenröhrling, Birkenpilz oder Eichenreizker können nur zu Füßen der jeweils namensgebenden Bäume gefunden werden. Wobei der oberirdische Pilz nur den Fruchtkörper darstellt, ähnlich wie die Äpfel an einem Apfelbaum. Das eigentliche Wesen ist das weitverzweigte Geflecht unter der Erde. Wenn Sie das am Boden liegende Laub um einen Baum ein wenig zur Seite schieben, so wird ein weißes, schimmelartiges Netzwerk sichtbar. Zu welcher Art es gehört, wird immer erst im Spätsommer oder Herbst klar, wenn die Früchte erscheinen. Sammeln Sie Pilze, ist es nebenbei völlig egal, ob Sie diese herausdrehen oder abschneiden. Denn dem großen unterirdischen Gebilde schaden beide Varianten nicht. Wenn Sie den Bäumen einen Gefallen tun möchten, so lassen Sie wenigstens einen Pilz stehen, um dessen Verbreitung zu ermöglichen. Die hübschen Hüte und Kappen entlassen auf ihrer Unterseite pro Stunde mehrere Millionen Sporen, die mit der Luft zu potenziellen Partnerbäumen geweht werden.

Standbein

Die dicken, holzigen Wurzeln übernehmen bei Bäumen die gleiche Funktion wie bei uns die Beine: Mit ihrer Hilfe kann der Stamm stehen. Wie bei einer alten Kirchenmauer laufen Ausbuchtungen etwa einen halben Meter den Schaft hinauf, um das Gewicht der oberirdischen Biomasse zu stützen. Es ist schon erstaunlich, welche Kräfte diese Verbindung aushält: Stürme bis 100 Stundenkilometer Windgeschwindigkeit, die bei bis zu 40 Meter hohen Bäumen eine enorme Hebelwirkung entfalten, vermögen bei intaktem Holz keinen Schaden anzurichten.

Hat schon einmal jemand (und sei es nur aus Spaß) versucht, Sie aus dem Gleichgewicht zu bringen? Die reflexartige Reaktion ist ein

Abstützen, indem ein Bein nach hinten gestellt wird. So etwas Ähnliches kann ein Baum auch: Wehen starke Winde am lokalen Standort bevorzugt aus einer Richtung, so bildet sich am Stamm auf der windabgewandten Seite eine besonders dicke Stützwurzel. Die Ursache für eine solche Konstruktion kann allerdings auch ein Schiefstand sein, doch dazu später. Ist der Baum kerzengrade, so können Sie an der Stärke der Wurzeln tatsächlich die Hauptwindrichtung bei Stürmen erkennen.

Und wie erkennt der Baum, von welcher Seite es bevorzugt stürmt? Seine Erfahrungen sind schmerzhafter Natur. Heftige Windböen führen zu kleinsten Rissen im Stamm, weil dieser bogenförmig überdehnt wird. Dies kann man ein klein wenig mit Schwangerschaftsstreifen vergleichen. Der Baum spürt diese qualvolle Überdehnung und versucht, solche Verletzungen künftig zu vermeiden, indem er sich an der gegenüberliegenden Seite entsprechend verstärkt.

Bäume, die schief stehen, haben ganz andere Sorgen. Nicht nur bei Wind, nein, ständig müssen sie mit Übergewicht in einer Richtung kämpfen. Um nicht zu kippen, bildet sich eine Stützwurzel auf der überhängenden Seite. Das reicht aber bei Weitem nicht aus, und so konstruiert der Baum am gegenüberliegenden Abschnitt eine noch

Stützwurzeln halten den Baum im Gleichgewicht, wenn starke Winde vor allem aus einer Richtung wehen.

stärker ausgeprägte Zugwurzel. Sie übernimmt dieselbe Funktion wie bei einem Zirkuszelt die Abspannleinen und hält den Koloss im Gleichgewicht.

Die Stützwurzeln können uns aber noch mehr verraten. So mögen es die meisten Bäume nicht, wenn sie nasse Füße bekommen. Von Spezialisten der Auwälder, wie Erlen, Pappeln, Eschen oder Weiden einmal abgesehen, versuchen Bäume, dem Wasser auszuweichen. Da sie aber nicht wandern können, bleibt nur die Flucht nach oben. Und tatsächlich weisen Stützwurzeln, die nicht schon nach einem halben Meter im Erdreich verschwinden, auf nasse Böden hin. Können Sie den Wurzelverlauf über mehrere Meter oberirdisch verfolgen, so haben Sie einen Baum mit einem Wasserproblem vor sich.

Apropos Wasserproblem: Bei lang andauernden Stürmen kann ein Baum mit seinem Wurzelteller regelrecht stampfen. Der schwankende Stamm zieht und zerrt mit jedem Windstoß an seiner Verankerung, die sich immer mehr lockert, bis sich schließlich das gesamte Erdreich um den Fuß des Baumes hebt und senkt. Geschieht dies auf Böden, die ständig nass sind, so wird aus der Stampf- eine Pumpbewegung, die mit jeder Böe schlammiges Wasser nach oben befördert. Solche Kandidaten erkennen Sie daran, dass nach dem Durchzug des Wolkenwirbels auf dem Wurzelbereich heller Schlamm liegt.

Eigentor

Aus der Vogelperspektive betrachtet, gleichen die Wurzeln einem Stern. Nach allen Seiten entspringen sie dem Schaftfuß und streben fort vom Baum, um diesen abzustützen und zu halten. Auch wenn sie mal dicker, mal dünner sind, je nachdem, wo die Last des Stammes am größten ist, so ergibt sich doch ein einheitliches, ordentliches Bild. Nur wenn sie schnurgerade verlaufen, gewissermaßen straff gespannt, wird die höchstmögliche Haltekraft erreicht, ähnlich einem Segelschiff, dessen Masten durch Haltetaue gesichert werden. So weit die Theorie.

In der Praxis halten sich viele Bäume nicht an diese Sicherheitsvorschrift. Mal ist es ein Hindernis (etwa ein großer Stein), welches die

Wurzeln auf Abwege zwingt, mal einfach nur die Eigensinnigkeit eines experimentierfreudigen Exemplars. In jedem Fall führt diese Besonderheit zu einem erhöhten Risiko und zu vermehrter Bautätigkeit im Bereich des Stammfußes. Denn geschlängelte Ausführungen müssen die Abweichung von der Idealform durch Verstärkungen ausgleichen, wenn sie die Haltekraft korrekt gebauter Wurzeln erreichen wollen.

Bei manchen Bäumen nimmt der Eigensinn groteske Formen an. Dabei weicht die Wurzel nicht nur ein wenig, sondern ganz erheblich von der Norm ab, indem sie sich wie ein Schal um den Schaft legt. Was nach Geborgenheit aussieht, wächst sich im Laufe der Jahre wortwörtlich zu einem großen Problem aus. Denn der Wurzelarm steht dem dicker werdenden Stamm im Weg, drückt ihm Rinde und Leitungsbahnen ab. Zwar kann der Baum sein selbst verursachtes Hindernis überwachsen, doch dabei kommt es zu starken Abweichungen im Faserverlauf. Und genau an dieser Stelle kann der Holzkörper bei einem heftigen Sturm brechen, da er hier schwächer ist und die Windböen nicht mehr richtig abfedern kann. Das ist auch der Grund dafür, dass solche Kapriolen in der Natur nicht allzu häufig vorkommen, denn wer bricht, kann sich nicht mehr vermehren.

Der Stamm

Was wäre ein Baum ohne Stamm? Dieser wichtige Körperteil sorgt für den entscheidenden Konkurrenzvorsprung vor anderen Pflanzen um einen Platz an der Sonne. Nebenbei sind Bäume durch ihre Stammlänge auch die größten Lebewesen der Erde. Uns Menschen passiert es nicht oft, dass wir zu anderen Arten emporschauen müssen; wahrscheinlich empfinden wir auch deshalb eine gewisse Ehrfurcht vor diesen Gewächsen.

Der Stamm ist aber auch die Visitenkarte des Baumes. Die Wuchsform und die Rinde verraten die Art, und der Zustand, unversehrt oder bereits von Pilzen befallen, signalisiert Gesundheit oder Lebensende.

Für Gartenbesitzer sind die tragenden Eigenschaften von Bedeutung, und zwar in zweierlei Hinsicht: Ist der Baum stabil genug, um eine Hängematte oder Wäscheleine zu tragen? Und werden schwergewichtige ältere Bäume in Hausnähe auch bei Wind und Wetter sicher von ihrem Stamm getragen?

Das Knochengerüst

Wenn Sie das Holz eines Baumes betrachten können, ist dieser in der Regel schwer verletzt oder tot. Denn Holz ist der innerste Bestandteil und somit stets geschützt durch die Rinde. Um Bäume richtig zu verstehen, müssen wir auch dieses verborgene Gewebe genauer unter die Lupe nehmen.

Um sich über die übrige Vegetation zu erheben, brauchen Bäume eine starke Stütze. Was dem Menschen die Knochen sind, ist dem Baum das Holz. Im Gegensatz zu uns müssen die Baumknochen aber wesentlich mehr aushalten. Zwanzig Tonnen und mehr kann ein ausgewachsener Stamm wiegen, der bei Sturm mit einem Mehrfachen seines Gewichts an den Wurzeln zerrt und drückt.

Um Holz stabil zu machen, ist es wie eine Fiberglaskonstruktion aufgebaut. Die Fasern werden aus Cellulose gebildet, hauchdünnen, baumwollähnlichen Fäden. Zwischen diesen Fasern liegen kurze Hemicellulose-Moleküle, welche die Konstruktion flexibler machen. Die Cellulose-Hemicellulose-Stränge werden von einem Klebstoff umhüllt. Diese Lignin genannte Substanz sorgt ausgehärtet für die Versteifung, analog zum Kunstharz beim Fiberglas. Nach der Einlagerung von Lignin spricht man von der Verholzung, erst jetzt ist das Gewebe beispielsweise frostfest. Die gesamte Konstruktion ist mikroskopisch klein, sodass Sie Fasern wie auch Klebstoff mit bloßem Auge nicht erkennen können. Sie bilden die Zellwände, die wie die Waben von Honigbienen zu einem Gerüst zusammenwachsen, welches hart und zäh ist: nämlich Holz. Die Bestandteile begegnen Ihnen auch beim Papierkauf: Sogenanntes holzfreies Papier stammt zwar von Bäumen, enthält aber kein Lignin, sondern nur die Cellulosefasern sowie Zusatzstoffe. Solche Blätter vergilben nicht so leicht.

Neben der Stützfunktion übernimmt der Holzkörper auch die Wasserleitung. In dünnsten Röhren zieht sich ein Kanalsystem von den Wurzeln bis hoch in die Krone.

Die im Frühjahr gebildeten Zellen sind größer und dünnwandiger als diejenigen, welche im Hochsommer hinzukommen, bevor der Baum dann im Herbst die Produktion ganz einstellt und in den Winterschlaf geht. Diese Unterschiede ermöglichen es Ihnen, am gefällten Stamm Jahresringe zu erkennen, denn die Trennung in dunkle Sommerzellen und helle Frühjahrszellen wiederholt sich Jahr für Jahr.

Wird der Baum dicker und dicker, so braucht er nicht mehr alle jemals gebildeten Wasserleitungen. Es kommen ja ständig neue hinzu, und nicht nur das: Da die außen neu entstehenden Jahresringe stets größer sind als die innenliegenden, wächst die Transportkapazität schneller als der Stammdurchmesser. Ein Baum, der seine Stammdicke verdoppelt, vervierfacht sein Leitungssystem. Ab rund zehn Zentimeter Durchmesser ist es zu viel: Die ältesten Leitungen werden stillgelegt. Im gleichen Maße, wie außen neu gebaut wird, verstopft der Baum innen alte Anlagen. Die Holzzellen sterben anschließend ab, sind aber gegen Pilz- oder Bakterienbefall durch das darüberliegende lebende Gewebe weiterhin geschützt.

Sicherheitshalber lagern einige Arten noch Abwehrstoffe ein, um etwaigen Eindringlingen den Geschmack zu verderben. Diese Stoffe färben das Holz rot oder braun, sodass man stillgelegtes (inneres) und aktives, wasserleitendes (äußeres) Gewebe gut unterscheiden kann. In der Fachsprache spricht man analog von Kernholz und Splintholz. Baumarten mit solchen Farbbildern sind beispielsweise Eiche, Kiefer, Lärche oder Douglasie.

Pfusch am Bau

Ein perfekter Baum ist kerzengerade, gleichmäßig rund und hat eine nach allen Seiten ausgebildete Krone. Solche Exemplare sind die Supermodels unter den Bäumen, sie haben quasi Vorbildcharakter. Derartige Traummaße werden aber ebenso oft wie in der menschlichen Gesellschaft von den meisten nicht erreicht. Viele Gründe führen zu einem schiefen Wuchs oder einer ungleichförmigen Krone. Wie auch immer, ist es einmal so weit gekommen, hilft alles Jammern nichts: Ein krummer Stamm kann nicht mehr gerade gebogen werden. Bäume stören sich sicher nicht an der Optik, viel problematischer ist das einseitige Gewicht des tonnenschweren Schafts und der Krone. Diese Schräglast muss auch dann noch gehalten werden, wenn ein Wind unglücklicherweise so gegen den Baum bläst, dass dieser noch mehr in die Schieflage gedrückt wird.

Ganz wehrlos sind Bäume aber nicht, wie viele Exemplare beweisen. Sie sind in der Lage, das Holz des Stamms ganz gezielt diesen Belastungen anzupassen.

Dazu verteilen sie die nachwachsende Biomasse um: In den belasteten Zonen wird besonders viel Holz produziert, mit der Folge, dass hier die Jahresringe teilweise zehnmal so breit sind wie in den anderen Bereichen. Auch die Zusammensetzung des Holzes weicht in diesen Sektoren stark ab. Auf der Seite, zu der der Stamm sich neigt, wird

Druckholz erzeugt. Hier wird außergewöhnlich viel Lignin eingelagert, sind die Zellwände besonders dick.

Auf der gegenüberliegenden Seite wird Zugholz gebildet, ähnlich der Seilabspannung an einem Zirkuszelt. Die Seile sind allerdings viel winziger, messen nur wenige Zentimeter und nennen sich Cellulosefasern. Millionen davon sind zusammen so stark, dass sie selbst mächtige Bäume aufrecht halten können.

In der Folge dieser Sonderkonstruktionen, bei denen der Stamm an verschiedenen Stellen unterschiedlich schnell wächst, ist dieser nicht mehr perfekt kreisförmig, sondern oval.

Das ist auch für Sie ein Anhaltspunkt: Ovale Schäfte weisen immer auf eine ungleiche Gewichtsverteilung im Baum hin. Meist können Sie diese aber auch schon von Weitem an der Gesamterscheinung erkennen.

Der Zwiesel

Viele Bäume fangen gut an: Der Stamm entwickelt sich, wie weiter oben beschrieben, vorbildlich zu einer kerzengeraden Säule. Diese Musterschüler brauchen keine Ausgleichskonstruktionen und können ihre Energie auf das Höhenwachstum konzentrieren. Als ob ihnen ihre Schönheit zu Kopfe gestiegen wäre, bilden manche mittendrin, als hätten sie es sich anders überlegt, plötzlich eine Gabel und damit ab diesem Abschnitt zwei Stämme. Das nennt man Zwiesel. Dieses Phänomen gibt es auch mit drei oder mehr Aufgabelungen; da aber alle mit den gleichen Problemen zu kämpfen haben, fasse ich sie unter »Zwiesel« zusammen.

Die Zwieselbildung kann verschiedene Ursachen haben. Da gibt es Insekten, die die oberste Knospe eines Baums und damit dessen aufwärtsgerichteten Leittrieb zerfressen. Ab und an ist es auch der Frost, der heftig »zubeißt«, manchmal sind es Säugetiere, mitunter auch der Mensch. Wie auch immer, um fortan weiter zu wachsen, bleibt dem Baum nichts anderes übrig, als aus einer Seitenknospe einen neuen Trieb nach oben entspringen zu lassen. Doch aus welcher Knospe? Das ist eigentlich völlig egal, Hauptsache der Baum entscheidet sich konsequent nur für eine einzige. Und das fällt manchen offensichtlich schwer. Die Unentschlossenen schicken einfach aus zwei oder mehr Knospen Triebe nach oben ins Rennen. Oft fällt einer der beiden im Laufe der Jahre im Wuchs zurück, sodass sich trotzdem noch ein eindeutiger Stamm bildet. Der zurückbleibende zweite Trieb ist dann nur noch in Form eines besonders steil nach oben zeigenden Astes erkennbar.

Bleibt die Unentschlossenheit aber über einen langen Zeitraum bestehen, so entsteht ein aufgegabelter Stamm aus zwei relativ gleich dicken Teilen. Ob das dem Baum schadet oder nicht, hängt von einem winzigen Detail ab: dem Abgangswinkel der Aufgabelung. Ist dieser steil, so wird es schwierig. Ein steiler Abgangswinkel sieht in etwa so aus wie ein »Victory«-Zeichen, gebildet mit Zeige- und Mittelfinger. Bewegen Sie die Finger aufeinander zu und wieder weg, dann können Sie nachvollziehen, wo die Schwachstelle des Baums liegt: genau in der Gabelstelle, am tiefsten Punkt zwischen beiden Stämmen. Hier bewirkt jede stärkere Windböe ein leichtes Aufreißen des Holzes. Wasser und Pilze dringen ein und gefährden den Stamm durch Fäulnis. Der Baum versucht, dem entgegenzuwirken, und lagert außen an der Gabelstelle besonders viel Holz an, um den Bereich zu stabilisieren. Innen, zwischen den beiden Teilen, ist dies nicht möglich, da die Stämme durch das Dickenwachstum aneinanderstoßen und keinen Platz für Reparaturarbeiten lassen.

Zugleich schottet der Baum die Risse ab, indem er die Holzzellen versiegelt und verstopft, um das Vordringen der Pilze zu stoppen.

Von langer Dauer sind diese Maßnahmen nicht, denn bei jedem Sturm geht das Spiel von vorne los: Einem Aufreißen folgt eine weitere Anlagerung von Holz. Der jahrelange Kampf ist schon von Weitem zu sehen. An der Ausgangsstelle des Zwiesels bildet der Stamm regelrechte Backen, die etliche Zentimeter nach links und rechts

Schwachstelle am Baum: ein arbeitender Zwiesel.

herausragen. Da diese Baustelle niemals zur Ruhe kommt, nennt man einen solchen Wuchs auch »arbeitender Zwiesel«. Bei alten Bäumen ist hier eine Sollbruchstelle. Wenn die Herbststürme über die Wipfel brausen, bricht irgendwann einer der beiden Stammteile ab. Zudem können sich die Risse mehr und mehr vertiefen, bis sie eines Tages den Erdboden erreichen und den Stamm in zwei Hälften teilen. In Extremfällen fällt er dann bei hoher Belastung auseinander.

Anders sieht es aus, wenn der Zwiesel die Form einer Stimmgabel hat. Die Übergangsstelle ist dann sanft geschwungen, nicht wie ein »V«, sondern wie ein »U«. Hier gibt es keinen arbeitenden Bereich; der Baum kann jeden Sturm weich abfedern, ohne dass es zu Rissen kommt. Solche Bäume können in Ruhe altern.

Wülste und Rinnen

Im Verlauf eines Baumlebens treten viele heftige Stürme auf. Und immer dann, wenn der Wind die Kronen peitscht, wird die Konstruktion des Stamms auf eine Bewährungsprobe gestellt. Ist der Faserverlauf nicht gleichmäßig, der Schaft gekrümmt oder ein Zwiesel gebildet worden, so kann das Holz reißen. Autsch! Denn es ist tatsächlich so, dass Bäume Risse im Holz spüren. Und was ist ein Schmerz anderes als ein dringendes Warnsignal einer Verwundung, die man nicht ignorieren kann? Wir dürfen also annehmen, dass eine Holzverletzung dem Baum heftige Pein bereitet.

Dieser Riss ist gefährlich, können doch sofort Pilze eindringen. Wenn der Sturm nachgelassen hat, ist der Spalt zunächst oft nicht breiter als ein Haar, die Eintrittspforte für ungebetene Gäste entsprechend klein. Das ist aber kein Anlass, ruhig zu bleiben. Denn schon das nächste Gewitter kann

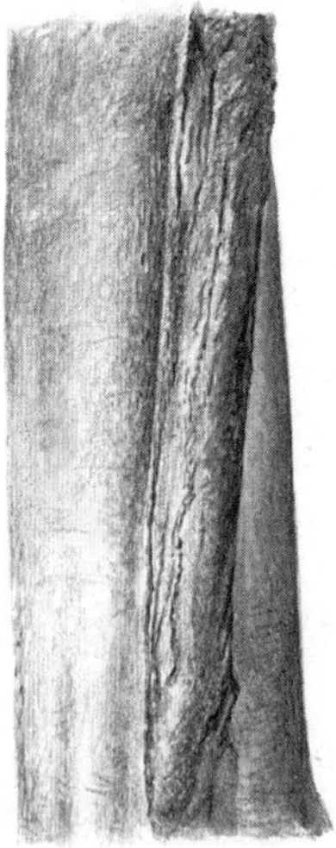

Die wulstige Leiste kennzeichnet den Verlauf des einstigen Risses.

dazu führen, dass der Baum unter der Last des herabfallenden Wassers auseinanderbricht. Er versucht daher im Eiltempo, die Wunde zu verschließen. Dabei lagert er im Wundbereich besonders viel Holz an, um den Riss zu überbrücken. Da dieser oft tief hineinreicht, muss die Überbrückung außergewöhnlich große Kräfte ertragen, da der restliche Stamm im verletzten Teil nichts mehr aushält.

Beeilen ist bei Bäumen relativ: Die Reparatur kann sich über Jahrzehnte hinziehen. Hat der Baum Pech, so wird er in dieser Zeit vom nächsten Sturm überrascht, der den Riss wieder öffnet, sodass das Spiel von vorn beginnt.

Sind die Bemühungen erfolgreich, so ist die defekte Stelle eines Tages von dickem, stabilem Holz bedeckt. Das Tempo, das der Baum bei der Reparatur an den Tag gelegt hat, ist ihm fortan zeitlebens anzusehen: Eine wulstige Leiste ziert den Stamm und offenbart Ihnen den Leidensweg.

Wimmerwuchs

Kennen Sie Tigerhaie? Und was haben diese mit Bäumen zu tun? Es ist die Zeichnung der Haut, die beide verbinden kann. Tigerhaie haben auf dem Rücken und an den Flanken ein Wellenmuster, welches das Spiel des Wassers, Licht und Schatten, perfekt wiedergibt. Dieses Muster gibt es auch bei Bäumen. Speziell Exemplare von glattrindigen Arten wie der Buche machen ab und an mit dieser besonderen Zeichnung auf sich aufmerksam. Es sind jeweils nur wenige unter vielen, und das Rindenbild dient nicht zur Tarnung. Die zarten Wellen sind vielmehr das äußere Abbild eines ungewöhnlichen Verlaufs der Holzfasern, die Wellung setzt sich bis tief ins Stamminnere fort. Warum das so ist? Man weiß es nicht. Ob Stauchung der Fasern durch Stürme, die den Stamm biegen, ob genetische Veranlagung – in den meisten Waldbeständen oder Parks gibt es Kandidaten, die einfach anders sind.

Hersteller von Musikinstrumenten lieben derartige Hölzer, geben sie doch Geigen, Gitarren oder auch Klavieren eine exklusive, schimmernd gestreifte Oberfläche.

Angefressen

So gut Wurzeln und Pilze harmonieren, so wenig bekommen sie dem Baum, sobald sie den Stamm besiedeln. Es sind natürlich andere Arten, die dort werkeln: Über 1200 tun sich am Holz gütlich.

Pilze brauchen Luft und Feuchtigkeit zum Wachsen. Zu viel Nass macht ihnen den Garaus, weswegen Holz, in Wasser gelagert, unbegrenzt haltbar ist.

Naturgemäß ist der Stamm gegen jedwede Eindringlinge abgeschottet: So wie wir unseren Körper mit der Haut vor Bakterien und Co. schützen, so bildet beim Baum die Rinde eine entsprechende Barriere. Solange er gesund ist und die Rinde intakt, kann ihm in dieser Hinsicht nichts passieren. Irgendwann im Laufe des Lebens erwischt es aber jeden Baum. Ein Sturm bricht einen mächtigen Ast aus der Krone und legt damit großflächig den ungeschützten Holzkörper frei. Oder ein Specht hackt sich seine Wohnung in den dicken Stamm; ganz gegen alle Gerüchte tut er das auch bei gesunden Bäumen. Wie auch immer, die Pilze fühlen sich zu einem Galadiner eingeladen. Wird der Baum durch die ungebetenen Gäste bedroht, so entwickeln sich diese zu einer Krankheit. Mehr hierzu finden Sie im Kapitel »Der kranke Baum« auf Seite 159.

Je nachdem, welche Holzbestandteile zuerst gefressen werden, unterscheidet man grob in zwei große Blöcke: die Braunfäulen und die Weißfäulen.

Braunfäuleerreger zerlegen hauptsächlich die Cellulosefasern. Sind diese weitestgehend vertilgt, so bleibt das Lignin übrig und wird als braune, würfelige zerfallende Masse sichtbar.

Bei den Weißfäuleerregern ist es genau umgekehrt. Sie lassen bei ihrem Festmahl hauptsächlich Cellulose links liegen, helle, faserige Holzstücke, die sehr leicht sind.

Da pro Kubikmeter Luft ständig 1000 bis 10 000 Pilzsporen unterwegs sind, kommt es bei einem Stammschaden häufig zur gleichzeitigen Besiedelung durch mehrere Arten. Und die sind sich nicht immer grün. Es finden regelrechte Kämpfe um die besten Plätze im Stamm statt, und der Frontverlauf, das Aufeinandertreffen beider Fäuleerreger, wird mit speziellen Ausscheidungen gesichert. Diese Sekrete wiederum

Konsolenpilze am Stamm zeigen, dass der Baum nicht mehr intakt ist.

werden von Bakterien besiedelt und verfärben sich dadurch schwarz. Falls Sie mit Holz heizen, so schauen Sie einmal auf die Schnittfläche von bereits leicht angemodertem Holz: Manchmal finden sich hier die dünnen, dunklen Linien der Pilzkämpfe, und die Bereiche links und rechts davon sind oft unterschiedlich gefärbt, je nachdem, welche Art hier ihr Territorium hatte.

Pilze können aber auch ein wichtiger Indikator sein. So zeugen die Fruchtkörper sogenannter Konsolenpilze, die wie halbierte Teller am Schaft kleben, davon, dass im Bauminnern Auflösungsprozesse im Gange sind. Das Auftauchen der Pilze am Stamm ist immer ein Alarmzeichen erster Güte und bescheinigt, dass dem befallenen Baum nur noch wenige Jahre vergönnt sind.

Blitzschlag

Gewitter im Wald sind etwas Beängstigendes. Stehen mit den Bäumen nicht überall riesige Blitzableiter herum? Können sie die Blitze anziehen und damit Sie als Spaziergänger gefährden? Vielleicht hilft ja Großvaters Spruch bei Gewitter, der da lautet: Buchen sollst Du suchen, Eichen sollst Du weichen.

Blitze beschädigen Bäume, indem sie durch das wasserleitende, nasse Splintholz der äußeren Jahresringe jagen und infolgedessen das Wasser verdampfen. Explosionsartig sucht es seinen Weg ins Freie und sprengt dabei entlang der Blitzbahn eine Rinne in den Stamm. Diese

Blitzrinnen findet man in der Tat bei einigen Eichen, bei Buchen jedoch nicht. Dennoch bietet es keine besondere Sicherheit, unter den Letztgenannten Schutz zu suchen. Denn auch in Buchen schlägt der Blitz genauso häufig ein. Sie lassen sich im Gegensatz zu Eichen jedoch nichts davon anmerken. Die Ursache liegt in der unterschiedlichen Rindenstruktur. Eichenrinde ist rau, und wenn es regnet, läuft das Wasser wie über Treppen den Stamm hinunter, indem es viele Mini-Wasserfälle bildet. An jeder dieser Stufen wird der Feuchtigkeitsfilm unterbrochen, und damit auch die elektrische Leitfähigkeit. Schlägt nun ein Blitz in den Baum, so sucht er sich den Weg des geringsten elektrischen Widerstands, um in den Boden zu kommen. Und der geht bei grobrindigen Baumarten durch die Wasserleitung, das Splintholz. Glattrindige Arten wie die Buche erzeugen bei Regen einen durchgehenden Wasserfilm auf ihrer Haut, sodass der Blitz brav außen hinab ins Erdreich fährt, ohne den Stamm zu beschädigen.

Der alte Spruch ist also leider falsch und leitete sich aus der Beobachtung ab, dass man nie beschädigte Buchen fand.

Gefährlicher als der eigentliche Blitz können ganz andere Folgen werden. Ich habe schon mehrere Male im Wald Bäume gefunden, die wie die Wand eines Messerwerfers mit Holzsplittern besteckt waren. Ursache war ein Nachbarbaum, den ein Einschlag regelrecht zerrissen hatte. Durch die Wucht der Explosion waren Splitter mit solcher Geschwindigkeit abgesprengt worden, dass sie sich in die Stämme anderer Exemplare einbohrten. Jedes Mal waren es Nadelbäume, die so zu lebenden Bomben wurden. Und auch ein weiteres Phänomen habe ich nur bei der Nadelfraktion beobachtet: Getroffene Bäume sterben manchmal ab, und nicht nur sie. Gleich einem magischen Kreis bewirkt die starke elektrische Ladung im Boden, dass eine ganze Gruppe das Zeitliche segnet.

Blitzschlag ist bei Bäumen aber kein besonders häufiges Ereignis. Überlegen Sie, wie viele grobrindige Exemplare mit Blitzrinnen Sie kennen. Wenn Sie dann noch hinzurechnen, wie alt die verschiedenen Arten werden, so wird deutlich, dass Blitzschlag im Wald relativ selten vorkommt. Wenn Sie nicht gerade auf einer Kuppe spazieren gehen, besteht unter Bäumen kein erhöhtes Risiko.

Stockausschlag

Schon die Sängerin Alexandra besang in ihrem Lied »Mein Freund, der Baum« ein Exemplar, welches gefällt wurde und anschließend zu neuem Leben erwachte. Bäume, die aus einem Stumpf neu emporwachsen, nennt man Stockausschlag. Sie vermögen ganz besonders schnell zu wachsen, da ihnen das riesige Wurzelsystem des Vorgängerbaumes zur Verfügung steht. Damit haben sie Wasser und Nährstoffe in Hülle und Fülle und können mit regelrechtem Turboantrieb nach oben schießen. Schon nach wenigen Jahren erlischt dieses Strohfeuer, weil der mächtige Wurzelstock von dem Bäumchen nicht mehr vollständig ernährt werden kann und größtenteils abstirbt. Der verbleibende Rest hat dann die Größe, welche dem kleinen Stamm angemessen ist.

Aus einem alten Baumstumpf kann neues Leben erwachen.

Die Fähigkeit, neu auszutreiben, haben nicht alle Baumarten. Besonders die Nadelhölzer tun sich recht schwer damit, nach einer wörtlichen Niederlage noch einmal von vorn anzufangen. Die meisten Laubhölzer starten dagegen nach einer Fällung sofort wieder neu.

Diese Fähigkeit machte sich die arme Landbevölkerung vergangener Jahrhunderte zu Nutze, indem sie den Wald alle 20 bis 40 Jahre fällte. Auf der Freifläche wurde zunächst ein bisschen Ackerbau betrieben, bis nach wenigen Jahren wieder ein junger Wald entstand. Da dieses Spiel von Abholzen und Stockausschlag ständig wiederholt wurde, konnten sich keine großen Bäume mehr entwickeln. Entsprechend nennt man so eine Bewirtschaftung Niederwald.

Exemplare, die eine solche Vergangenheit haben, können Sie an dem knorrigen Stammfuß erkennen. Seine Beulen und Buckel sind nach einer Seite stark ausgeprägt. Häufig lässt sich sogar noch der Umriss des alten Wurzelstocks erahnen, wenngleich er in der Mitte schon weggefault ist. Streng genommen handelt es sich bei dem neuen Baum nur um einen Austrieb des Vorgängers, sodass das Lebewesen in Wahrheit viel älter ist. Das normale Höchstalter der einzelnen Arten ist mit solch einer Vergangenheit leicht zu verdoppeln.

Nach der Fällung eines Laubbaumes schießen oft sehr viele neue Triebe aus der Rinde des Stumpfes hervor, die sich irgendwie einigen müssen, wer denn nun den künftigen Stamm bilden soll. Und da oft niemand nachgeben will, wächst ein ganzes Bündel an Schäften empor. Wie ein Blumenstrauß in der Vase stehen dann, dicht gedrängt, die neuen Eichen, Hainbuchen oder Eschen. Und deren Schicksal ist völlig ungewiss. Denn eines ist klar: Nicht alle können zu einem großen, erwachsenen Baum heranreifen, denn dazu ist zu wenig Platz vorhanden.

Im Laufe der Zeit kristallisiert sich manchmal ein besonders wüchsiger Trieb heraus, der das Kommando übernimmt und seine Konkurrenten hinter sich lässt. Damit nimmt er ihnen auch mehr und mehr Licht, sodass diese als bedeutungslose Seitentriebe verkümmern.

Bleiben dagegen mehrere Stämme im Rennen, ohne dass sich ein Favorit heraushebt, so stoßen sie durch die dicker werdenden Schäfte irgendwann zusammen und verschmelzen. Sind anfangs noch die einzelnen Exemplare zu erkennen, so kündet viele Jahre später nur ein mächtiger Stamm mit tiefen Rillen von dem gemeinsamen Start. Und da alle sowieso aus demselben Wurzelstock stammen, mithin dasselbe Lebewesen sind, ist nun zusammengewachsen, was zusammengehört.

Raufen sich die Schäfte dagegen nicht zusammen, so geht es bergab. Denn jedes Exemplar kann sich nur nach einer Seite abstützen, kräftige Wurzeln ausbilden, da zur Mitte hin der alte Baumstumpf sämtliche Ausläufer blockiert. Halten sich beim zuvor genannten Beispiel durch das Zusammenwachsen alle Triebe gegenseitig fest, so ist bei den Individualisten kein richtiger Halt gegeben. Überschreiten die neuen Stämme eine gewisse Höhe, wird die Hebelwirkung der Krone immer gewaltiger, so bricht das Gebilde mit den Jahren nach und nach auseinander. Bei Bäumen mit pilzresistentem Kernholz, wie etwa Eichen oder Esskastanien, kann ein einzelner, verbleibender Schaft noch genügend neues Gewebe bilden, um sich zu fangen. Bei allen anderen Arten führt dieser Individualismus an den Abbruchstellen zu einer massiven Fäule, die irgendwann auch den »letzten Mohikaner« hinwegrafft.

Im Porträt: die Linde

Hier haben wir jetzt endlich einmal eine Baumart, die wirklich 1000 Jahre alt werden kann. Streng genommen sind es zwei Arten, die aber sehr ähnliche Eigenschaften haben: die Sommerlinde *(Tilia platyphyllos)* und die Winterlinde *(Tilia cordata)*. Beides sind einheimische Arten, die sich anhand von zwei Merkmalen gut unterscheiden lassen: Die Sommerlinde hat große Blätter, die unterseits an den Gabelstellen der Blattnerven weißlich behaart ist, während die Winterlinde kleinere Blätter und rötliche Haarbüschel an den Blattnerven zeigt.

Im Wald fristen die beiden Arten ein Nischendasein, und ähnlich wie die Hainbuche (siehe Seite 150) vertragen sie sehr viel Schatten, um unter den Kronen der anderen Arten überleben zu können. Aus dieser Ecke haben wir Menschen sie herausgeholt, und schon seit Jahrhunderten werden Linden an markante Plätze gepflanzt. Die Bäume danken diese Standorte mit einer unglaublichen Zähigkeit. Selbst in hohem Alter, wenn der mächtige Stamm schon völlig hohl und einseitig weggefault ist, treiben sie Jahr für Jahr kerngesund aus und können noch vielen Menschengenerationen als Wegmarke und Schattenspender dienen. Lediglich die neueren Bestimmungen zur Verkehrssicherung können ihr gefährlich werden: Übereifrige Gutachter möchten keine Haftung für die angegriffenen Stämme alter Exemplare übernehmen und empfehlen manchmal die Fällung. Zum Glück gibt es meist örtliche Initiativen, die sich schützend vor die Bäume stellen und deren Erhalt ermöglichen. Gewiss, es kostet ein wenig Geld, um etwa starke Äste mittels Metallstützen zu sichern, aber das sollten uns unsere ältesten Bäume wert sein.

Die Äste

Äste sind prinzipiell nichts anderes als dünne Stämme. Sie bilden jedes Jahr Jahresringe im Holz und werden somit ebenfalls ständig dicker. Alle Merkmale und Probleme, die wir schon beim Thema Stamm kennengelernt haben, sind auf die Äste übertragbar. Schließlich können sie bei großen Bäumen über einen halben Meter Durchmesser erreichen. Einen großen Unterschied zum Stamm gibt es aber doch: Äste müssen nicht unbedingt nach oben wachsen, sondern hauptsächlich seitwärts, um für den Baum im Dachgeschoss eine möglichst große Krone zu bilden. Schauen wir uns also auf der oberen Etage einmal ein wenig um.

Dachbalken

Um Fotosynthese zu betreiben, muss der Baum seine Blätter oder Nadeln irgendwo befestigen. Dies ist die Aufgabe der Äste. Und die beginnen dort, wo kein eindeutiger Stamm mehr zu erkennen ist, also entweder oben in der Krone, oder als seitlich entspringender Auswuchs. Dünne Äste nennt man Zweige, und an diesen sind die Sonnensegel montiert.

Dicke Äste haben aber noch eine ganz andere Aufgabe: die Eroberung von Kronenraum. Licht ist der Mangelfaktor des Waldes, und nur wer ausreichend davon erhält, kann überleben. Laubbäume können ihre Krone verlagern, wie wir schon erfahren haben. Dazu verstärken sie einfach den Ast, der in eine Lücke zwischen anderen Bäumen hineinragt, und bauen diesen bevorzugt aus. Dicker und dicker wird sein Holz, jährlich kommen neue Abzweigungen hinzu, bis schließlich eine richtige Krone gebildet wird. Diese Expansionsmöglichkeit ist der Grund dafür, dass Laubbaumkronen häufig sehr ungleichmäßig aussehen.

Nadelbäume dagegen bleiben bei dem einmal gewählten Modell: Es gibt einen schnurgeraden Stamm, dem schön gleichmäßig die Äste entspringen. Auf eine seitliche Lücke kann ein Nadelbaum nur reagieren, indem er den betreffenden Ast schneller wachsen lässt. Eine komplett verlagerte Krone zu bilden, bleibt ihm jedoch verwehrt. Und das ist aus seiner Sicht auch überlebenswichtig. Denn im Winter, wenn die Laubbäume sämtliche Segel abgeworfen haben, bleiben ihre benadelten Kollegen in vollem Schmuck stehen. Schneit es heftig, und ist der Schnee nass und schwer, so lagert sich schnell ein tonnenschweres Gewicht auf die Äste, deren Nadeln die weiße Pracht festhalten. Bei einer seitlich verlagerten Krone würde diese unter der Last abbrechen.

Eine Ausnahme bilden Kiefern: Sie machen es den Laubbäumen nach, was man leicht an der unregelmäßigen Krone erkennen kann. Und so wundert es nicht, dass ausgerechnet diese Nadelbaumart besonders häufig von Schneebruch betroffen ist.

Freunde

Von Fachleuten hört man häufig, dass zu dicht stehende Bäume zu trennen seien, um die Entwicklung nicht zu gefährden. Trennen heißt, dass einer oder mehrere gefällt werden, um Platz für die Krone der Verbleibenden zu schaffen. Das ist aber nur die halbe Wahrheit. In natürlicher Umgebung kämpfen Exemplare einer Art nämlich weniger häufig gegeneinander, als der fachmännische Rat unterstellt. Vielmehr verbünden sie sich, helfen einander gegen andere Arten oder unterstützen Kranke durch eine süße Gabe in Form von Zucker, der über zarte Wurzelbande fließt (siehe dazu Kapitel »Bäume in Freiheit« auf Seite 15).

Bei gepflanzten Bäumen existiert dieses natürliche Gefüge in vielen Fällen nicht. Sie haben ein gestörtes Wurzelsystem und sind zeitlebens damit beschäftigt, einen halbwegs stabilen Stand hinzubekommen. Für soziale Beziehungen sind da scheinbar kaum noch Zeit und Energie übrig. Der Rat der Förster stammt denn auch aus Plantagen; nichts anderes sind die monotonen Fichten-, aber auch Laubbaumpflanzungen. Riesige Flächen gleich alter Bäume, alle im gleichen Abstand gepflanzt, das gibt es in der Natur nicht. Und dieser ausgedehnte »Kindergarten«, in dem jeder versucht, sich vorzudrängeln und an den Nachbarn vorbeizuwachsen, ist tatsächlich so instabil wie ein Getreidefeld, in dem ein Halm den anderen stützt und das beim kleinsten Gewitterschauer zusammenfällt.

In natürlich aufwachsenden Wäldern, aber auch im Garten, kann hin und wieder etwas ganz anderes beobachtet werden: Bäume der gleichen Art schließen Freundschaft. Über die Wurzeln haben wir schon gesprochen; Verbindungen dieser Art können Sie aber naturgemäß nicht sehen. Das Spiel der Kronen liegt hingegen offen zutage.

Exemplare, die miteinander um Licht rangeln, schieben ihre Äste in Richtung des Konkurrenten und versuchen, ihm sämtliche Sonnenstrahlen wegzuschnappen. Solche Streithähne erkennen Sie daran, dass jeder eine einigermaßen gleichmäßig ausgedehnte Krone hat, also auch zu der Seite des Rivalen hin. Derartige Zwistigkeiten tauchen häufig in gepflanzten Wäldern auf, in denen alle Bäume gleich alt und damit auch gleich groß sind. Wo im Urwald der Mutterbaum durch die sparsame Lichtdosierung eine Selektion vornimmt, indem nur die kräftigsten Bäumchen überleben, herrscht in einer Anpflanzung ein wildes Getümmel. Jeder versucht, sich genügend Platz zu erobern, und oft kehrt erst im Alter von 100 Jahren allmählich Ruhe unter den Bäumen ein. Aber selbst dann gibt es immer noch Zwistigkeiten, wie miteinander streitende Kronenäste belegen.

Zwei Bäume, die Freundschaft geschlossen haben, verhalten sich dagegen völlig anders. Sie schieben in Richtung des Partners nur zarte Zweige vor, wie um sich gegenseitig abzutasten. Dicke Äste, eine mächtige Krone bilden sie nur nach außen, vom Gefährten weg. Beide Bäume sehen von Weitem aus wie ein gemeinsamer, und letztlich gehören sie so sehr zusammen wie ein altes, glücklich verheiratetes Paar.

Würden Sie nun dem Rat folgen und einen der beiden entfernen, um dem anderen mehr Licht zu verschaffen, so kann das etwas völlig Gegenteiliges bewirken. Kaum ist der eine Partner gefällt, so beginnt

Bäume können enge Freundschaften schließen.

der Verbliebene zu siechen. Keine gegenseitige Unterstützung mehr, kein gemeinsamer Kampf gegen Stürme – der einsame Baum leidet. Zudem dringen über den Stumpf Pilze in das verbundene Wurzelwerk ein, sodass das zunächst überlebende Exemplar manchmal nach wenigen Jahren abstirbt.

In ganz seltenen Fällen ist ein weiteres Phänomen zu beobachten: Bäume, die sich die Hand bzw. die Äste reichen. Immer wieder kommt es vor, dass an einem Baum dichtstehende Äste miteinander verwachsen. Ab und zu ist es nur so, dass der eine um den anderen herum wächst, ihn einfach überwallt und somit fest umschließt. Diese Verbindungen bleiben fragil, weil zwischen den Ästen Rinde verbleibt, die ein festes Zusammenwachsen verhindert. Bei starker Belastung, etwa durch Sturm, können so verbundene Äste auch wieder auseinanderbrechen.

Ab und zu kommt es aber vor, dass durch vorhergehende Reibung aneinander die Rinde heruntergescheuert wurde. Liegt nun Holz auf Holz, Kambium auf Kambium (siehe Seite 65), so können die beiden Äste tatsächlich fest miteinander verwachsen und ein gemeinsames System bilden. Solche Bündnisse sind sehr stabil, und hier finden ein vereinter Transport und Austausch von Wasser und Nährstoffen statt. Das ist schon selten genug. In absoluten Ausnahmefällen gibt es so etwas auch zwischen zwei verschiedenen Bäumen, die über eine derartige Verbindung eins werden. Dazu müssen sie sich regelrecht vertragen, und das ist besonders bei Buchen, Hainbuchen oder Weiden der Fall.

Der Fund eines solchen Baumpaares ist so selten, dass sich dagegen ein vierblättriges Kleeblatt wie Massenware ausnimmt. Nichtsdestotrotz ist es ein spannendes Unterfangen, wenn Sie bei Ihrem nächsten Wald- oder Parkspaziergang nach derartigen Kandidaten Ausschau halten. Vielleicht verbirgt sich aber auch ein heimliches Paar in Ihrer Hecke.

Und wenn Sie eine partnerschaftliche Entwicklung nicht sehen können, so sind Sie möglicherweise in der Lage, den Beginn einer solchen Verbindung zu hören: Die reibenden Äste knarren schon recht laut bei geringem Wind, und häufig verwechseln Waldspaziergänger diesen Baumgesang mit dem Klopfen eines Spechtes.

Faulpelze

Jeder große Baum hat eines Tages dicke, schöne Äste, die mit Tausenden von Blättern oder Nadeln bestückt sind und in Hülle und Fülle Fotosynthese betreiben. Der ganze Apparat muss aber auch versorgt werden, verbraucht selbst jede Menge Energie. Daher gibt es in der Sauerstoffproduktion eines Waldes im Tageslauf klare Unterschiede. Tagsüber, im hellen Sonnenschein, produzieren die Blätter und Nadeln etliche Kilo-

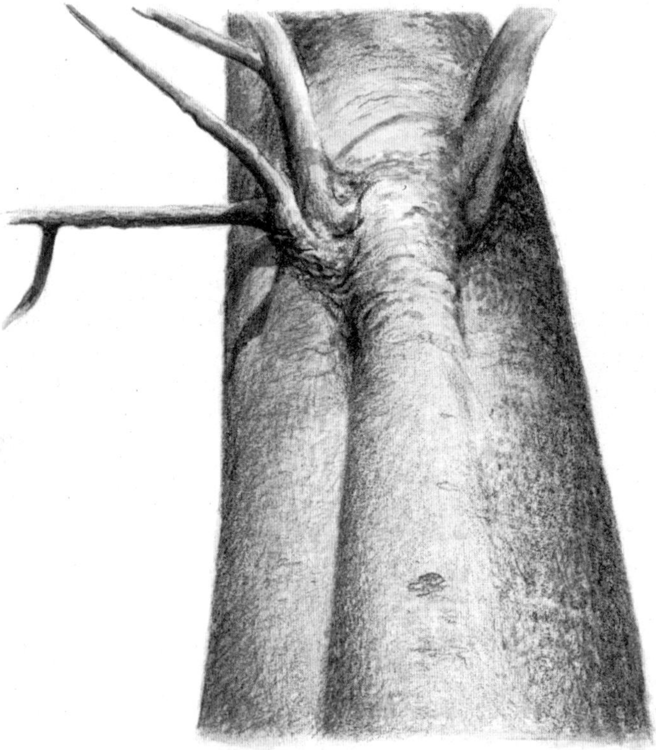

Hohlkehlen im Stamm kennzeichnen »faule« Äste.

gramm des wichtigen Atemgases und entziehen dabei der Atmosphäre entsprechend viel Kohlendioxid. Nachts ist es genau umgekehrt: Wenn die Bäume schlafen, atmen sie weiter – wie wir. Und dabei wird Sauerstoff verbraucht, kein Gramm CO_2 umgewandelt, im Gegenteil. Durch den Verbrauch von Zucker stoßen die Blätter das Klimagas aus, die gesunde Waldluft ist bei Nachtwanderungen also weniger empfehlenswert.

Die Nettobilanz Tag/Nacht ist dennoch positiv, sodass unterm Strich ein täglicher Sauerstoffüberschuss von rund fünf Kilogramm pro Baum verbleibt (das reicht für die Atmung von fünf Menschen). Das hierfür der Umgebungsluft entzogene Kohlendioxid wird in Form von Holz dauerhaft eingelagert.

Nun helfen aber nicht alle Äste gleichmäßig mit bei der Arbeit. Da gibt es besonders Fleißige und auch einige Faule. In der Regel steigt die Arbeitsleistung mit dem Astdurchmesser, sodass Sie die Schwerarbeiter leicht erkennen können. Unter ihnen gibt es aber auch Schwindler, die nur so tun als ob. Oft sind sie dick und scheinen damit viel zum Wohle des Baums beizutragen, in Wahrheit jedoch produzieren sie nur ganz geringe Mengen. So wenig Zucker verlässt die Blätter, dass es noch nicht einmal für die Eigenversorgung des Astes reicht und er daher dem Umgebungsgewebe Nährstoffe entzieht, statt welche zu liefern. Über die Jahre ist die Auszehrung am Stamm zu erkennen, weil unterhalb des Faulpelzes kaum noch Energie zur Holzbildung zur Verfügung steht. Da der restliche Schaft indessen munter weiterwächst, bilden sich tiefe Furchen, sogenannte Hohlkehlen. Dieser Makel zieht sich, beginnend am betroffenen Ast, den Stamm hinab.

Meist erkennt der Baum nach vielen Jahren den Schwindel und legt den Ast still, sodass er abstirbt, abfällt und überwachsen wird. Die Rinne bleibt dennoch über Jahrzehnte sichtbar.

Was uns die Schaftäste verraten

Bäume geben uns mit ihren Ästen einen Hinweis auf ihren Charakter, auf ihre Risikobereitschaft. Dünne Äste am Schaft, unterhalb der eigentlichen Krone, sind für alle Arten (egal, ob Nadel- oder Laubbäume) grundsätzlich tabu. Nach dem Baumknigge hat einem makellos glatten Stamm eine hochangesetzte, gleichmäßige Krone zu folgen. Warum das so ist, erläutert ein Blick in den Urwald. Hier erziehen die Baumeltern ihren Nachwuchs buchstäblich. Natürlich nicht mit Lob und Tadel, sondern mit Licht. Die wenigen Prozent Tageslicht, die zu der Kinderstube am Stammfuß des Mutterbaumes durchdringen, zwingen die Kleinen nicht nur zu einem extrem langsamen Wuchs. Zu Hunderten in regelrechten Schulen aufwachsend, werden die Jungbäume gezwungen, gerade zu wachsen. Denn sobald ein Bäumchen meint, den Klassenkasper spielen zu müssen, und mit seiner Spitze, dem Leittrieb, von der Senkrechten abweicht, wird es gnadenlos bestraft. Für

Kapriolen reicht das Dämmerlicht definitiv nicht aus. Die Nachbarn des schief Wachsenden überholen mit ihren schön aufstrebenden Leittrieben den Schelm, der nun nach und nach immer mehr im Dunkeln zurückbleibt, bis er eines Tages sein Leben aushaucht und wieder zu Humus wird.

Die Dämmerung bewirkt bei den Verbleibenden, dass sie nur zarte Seitenäste ausbilden und die Hauptenergie in das Wachstum nach oben investieren. Diese Seitenäste sterben später im selben Maße unten am Stamm ab, wie weiter oben neue gebildet werden. Ob ihres geringen Durchmessers fallen die Abgestorbenen nach wenigen Jahren herunter, und das Stämmchen überwächst die Stelle mit frischem Holz, sodass sich die Oberfläche wieder glättet. Im Laufe der Jahrzehnte bildet sich so eine schöne, makellose Säule. Ihr schließt sich, wenn der Mutterbaum eines Tages stirbt und dem Schössling den Weg Richtung Himmel freigibt, hoch oben eine ebenso beeindruckende Krone an. Ein Baum ganz nach dem Baumknigge also. Der Sinn dieser asketischen Jugendphase: Nur wenn die Seitenäste dünn bleiben und auch dünn absterben, hat der Baum eine Chance, die offene Stelle gesund zu verschließen. Hinterlässt der dürre Ast eine Wunde von fünf Zentimeter Durchmesser oder mehr, so dringen Pilze schneller ein, als der Baum den frei liegenden Holzkörper abriegeln kann. Die Folge ist eine langsam, aber stetig voranschreitende Fäulnis, die zuerst den Stamm aushöhlt und viele Jahre später den Baum mit dem nächsten kräftigen Sturm zu Fall bringt.

Die Devise für die Jugendjahre lautet also: Nur dünne Äste am Schaft bilden, und diese, bevor sie dick werden, schnell loswerden.

Nun halten sich aber nicht alle Bäume an den Knigge. Es gibt Exemplare, die immer wieder versuchen, durch die Bildung von Seitenästen noch mehr Licht zu gewinnen. Ausgelöst wird ein solches Verhalten manchmal dadurch, dass ein Nachbarbaum gefällt wird oder eines natürlichen Todes stirbt. Der frei werdende Platz und die zusätzliche Helligkeit will manch ein nebenstehender Baum nicht ungenutzt lassen. Aus schlafenden Knospen in der Rinde schiebt er neue Zweige hervor und tankt eine Extraration Energie. Im Laufe der Jahre werden diese immer dicker; damit steigt das Risiko, sich im Falle ihres Absterbens eine Pilzinfektion einzufangen. Ganz dickköpfige Bäume versuchen dies

Die Eiche bildet bei Lichtmangel Angstreiser aus.

wieder und wieder, auch wenn das Licht gar nicht ausreicht, die Zweige am Leben zu halten. Die ständig wiederkehrenden Austriebe, die ebenso rasch wieder absterben, verursachen am Stamm regelrechte Buckel, garniert mit vertrocknetem Geäst. Sie kennzeichnen die Rüpel lebenslang.

Die vorsichtigen Bäume unterlassen solche Versuche, bekommen dadurch aber etwas weniger Energie. Denn manchmal kann sich ein derartiges Verhalten auch lohnen. Wenn der Standplatz, sei es im Garten, sei es im Wald, dauerhaft frei von Konkurrenzbäumen bleibt, sind zusätzliche Äste günstig. Sie verbessern die Ernährung und bilden keine Gefahr, da sie nicht von Konkurrenten verdunkelt werden können und so lebenslänglich am Baum weiterwachsen. Mit ihrer Hilfe kann sich sogar die Krone wieder nachträglich nach unten ausbauen, wenn daneben Standraum frei wird. Es ist eben eine Risikoabwägung, die jeder Baum individuell unterschiedlich auslebt.

Manche Arten wie die Fichte unterbinden derlei Möglichkeiten sicherheitshalber schon genetisch. Spätere Seitentriebe sind keine Option, ein Grund, weshalb solche Arten sich nicht als Hecke eignen. Einmal abgeschnitten, bleiben sie dauerhaft kahl.

Bei so manchem knorrigen, mächtigen Gesellen, häufig Eichen oder Buchen, findet sich unterhalb der Krone noch eine Zone mit dicken, aber bereits abgestorbenen Ästen und Aststümpfen. Diese Konstellation ist immer ein Indiz dafür, dass der Baum in seiner Jugend völlig frei stand und daher schon tief unten am Stamm begann, eine Krone zu bilden. Typisch ist dies für Hutebäume, die locker verstreut auf Viehweiden wuchsen. Sie spendeten Schatten, und im Herbst konnten sich die Schweine an den heruntergefallenen Bucheckern oder Eicheln schön fett fressen.

Im Laufe der Jahre wurde aus der Weide allmählich Wald, und Nachbarbäume begannen, die alten Veteranen zu bedrängen. Um nicht an Lichtmangel zu sterben, mussten die Hutebäume wieder in die Höhe wachsen und im nächsten Stockwerk eine neue Krone bilden. Die Äste der bisherigen Krone starben ab, wobei sich die Bäume sichtbar schwertaten, die dicken Aststümpfe zu überwallen. Analog zu diesen Vorgängen sind ähnliche Phänomene in Parks oder Gärten zu beobachten, wenn die Zahl der Bäume zunimmt.

Speziell bei der Eiche gibt es noch eine besondere Erscheinung. Wird sie von anderen Bäumen unterdrückt, so geht ihr als Baumart mit besonders hohem Lichtbedarf schnell die Puste aus. Merkt sie, dass ihre Krone durch die Konkurrenzbäume nicht mehr genügend Sonnenstrahlen auffangen kann und sinkt ihre Zuckerproduktion gefährlich ab, so bildet sie die sogenannten Angstreiser am Stamm (siehe Seite 61). Es sind Büschel von dünnsten, kurzen Ästen, die den Schaft von oben bis unten bedecken. Es ist der letzte Versuch, irgendwie doch noch etwas mehr Licht zu erhaschen. Dabei handelt es sich tatsächlich um eine Panikreaktion, denn die Angstreiser bekommen in Bodennähe natürlich erst recht nicht genügend Licht. Kein Wunder, dass solche Bäume meist nach wenigen Jahren sterben.

Unglücksbalken

Normale Äste sind bogenförmig konstruiert, steigen nach dem Austritt aus dem Stamm leicht an und biegen sich dann zur Spitze hin elegant abwärts. Mit dieser Konstruktion fällt es nicht schwer, Schnee oder heftige Regengüsse abzufedern, ohne dass der Ast bricht. Gerade bei alten Bäumen ist dies sehr wichtig, denn bei ausgewachsenen Exemplaren können die Äste bis zu 12 Meter lang werden. Zu der eigenen Masse von bis zu einer Tonne kommen noch enorme Hebelkräfte dazu, die bei Sturm ein Mehrfaches des Gewichts erreichen.

Nun gibt es aber auch Bäume mit Konstruktionsfehlern. Warum sollte nicht auch einmal ein Ast mit der Spitze nach oben weisen? Und das machen etliche Kandidaten auch: Nachdem der Ast schon brav den Stamm verlassen hat, wächst er zunächst in einer anmutigen Kurve leicht ansteigend, um dann flach seitlich zu wachsen. Doch als hätte es sich der Baum plötzlich anders überlegt, beginnt der Ast nach Jahren wieder, einen Bogen nach oben zu schlagen. Mit der Zeit wird er dicker und länger, die Hebelkräfte wirken stärker und stärker. Eines Tages ist die Belastung zu groß: Vielleicht ist es ein heftiger Schneefall, der die Äste des Baums nach unten zwingt, vielleicht ein prasselnder Regenschauer. Für die normal Gestalteten ist das kein Problem, sie beugen sich elastisch abwärts. Für den nach oben gerichteten Ast wird es nun schmerzhaft: Er wird entgegen der Biegung ebenfalls nach unten gedrückt. Mit einem Knistern springt das Holz entlang der Fasern auf, sodass an der Stelle der stärksten Biegung ein langer Riss im Holz klafft. Und diese Verletzung kann der Baum nicht ausheilen mit der Folge, dass diese extravaganten Äste lebenslang gekennzeichnet bleiben.

Im Porträt: die Pappel

Häufigste Vertreterin dieser Gattung ist die Aspe oder Zitterpappel *(Populus tremula)*. Sie erhielt ihren Namen wegen der besonderen Konstruktion der Blattstiele, die leicht verdreht sind und so das Laub beim leisesten Windhauch erzittern lassen. Wie die Birke wachsen Aspen als Nestflüchter gerne auf Freiflächen, legen oft mehr als einen Meter pro Jahr an Höhe zu und verausgaben sich dabei relativ rasch. So beträgt ihre Lebenserwartung nicht mehr als 100 Jahre. Zitterpappeln dürfen bei uns noch als reinrassig gelten, ein Prädikat, welches die meisten Schwarzpappeln *(Populus nigra)* nicht mehr besitzen. Sie sind in den meisten Fällen Kreuzungsprodukte mit der Kanadischen Schwarzpappel, die eingeführt wurde und die heimische Art an den Rand der Ausrottung brachte.

Die Schwarzpappel ist die typische Flussbegleiterin und fällt durch einen sumpfig aufdringlichen Geruch auf. Die Tatsache, dass speziell bei dieser Pappelart besonders leicht große Äste aus der Krone abbrechen, macht sie für den Hausgarten ungeeignet.

Die Haut

Eine beliebte Fangfrage bei Förstern lautet: Wenn ich in die Rinde des Baumes ein Symbol einritze, wie hoch ist es in X Jahren? Natürlich ändert das Zeichen seine Höhe nicht mehr, wandert also nicht mit der Zeit am Schaft nach oben, da ein Baum nur ganz oben, an den Astspitzen, wächst. Die Veränderung unten besteht lediglich in einer Dehnung, und zwar in dem Maße, wie der Stamm dicker wird.

Die äußere Haut ist der Spiegel der Seele eines Baums. Während das Laub bestenfalls den Zustand des Trägers für einige Jahre wiedergibt, bleiben Rindenmale lebenslänglich erhalten. Und sammeln sich so im Laufe der Zeit zu einem regelrechten Geschichtsbuch. Schlagen wir das erste Kapitel auf.

Glasklar

Zwischen der braunen Borke und dem Holz befindet sich eine klare Schicht: das Kambium. Es ist hauchdünn und täuscht mit seiner Zartheit über seine Bedeutung hinweg, denn es ist der Motor des Stammwachstums. Nach innen scheidet es Holzzellen ab, nach außen Rindenzellen. Nebenbei verbindet diese Lage Rinde und Holz zu einem Ganzen.

Wird nun ein Baum verletzt, indem der blanke Holzkörper freigelegt wird, so ist in der Regel auch das Kambium geschädigt. Und weil damit auch die Holzbildung lokal gestört wird, kommt es bei der Ausheilung zu einer Narbenbildung. Denn während das Holz in ungestörten Nachbarbereichen weiterwächst, der Stamm somit an Umfang zunimmt, ist an der Verletzungsstelle zunächst ein Stillstand zu beobachten. Der Baum versucht nun, dieses Kambiumloch so schnell wie möglich zu flicken, was je nach Wundgröße Jahre dauern kann. Um den Vorsprung des normalen Gewebes nicht zu groß werden zu lassen, beeilt sich der Baum mit der Folge, dass das Heilgewebe ganz besonders rasch voranschreitet. Ist die Wunde dann geschlossen, so ist der Faserverlauf in diesem Bereich unregelmäßig geformt. Die kleinen Wülste und Leisten, die die Verletzung nun bedecken, spiegeln sich Zeit Lebens in Form von Narben auf der Rinde wider.

Rindenverletzungen treten besonders häufig in der sogenannten Saftzeit auf. Dies ist ein anderer Ausdruck für Vegetationszeit und verdeutlicht, dass der Baum nun voller Wasser ist. Rund die Hälfte seiner Gesamtmasse besteht während des Sommers aus dem kühlen Nass. Auch das Kambium ist nun vollgesogen und regelrecht glitschig. Die Folge: Äußere mechanische Belastungen des Baumes, die etwa durch Tierfraß oder gegen den Stamm schlagende Äste von Nachbarexemplaren auftreten können, führen oft zu einem Ablösen der Rinde, die sich leicht vom nassen Kambium löst. Die meisten Verletzungen treten daher während der Vegetationszeit auf.

Die Bastschicht

Nach innen bildet das Kambium Holz, nach außen Rinde. Und genau wie die jüngsten Jahresringe noch leben, so sind auch die frisch erzeugten Rindenschichten aktiv. Während im Holz ein Wasserstrom hinauf zur Baumkrone fließt, wandert durch die Rinde in die umgekehrte Richtung, zu den Wurzeln, ein steter Fluss an Zucker und weiteren Köstlichkeiten. Die lebendige Rindenlage, die sich an das Kambium anschließt, nennt man Bast. Der Name rührt aus der Verwendung in grauer Vorzeit her, als man aus der inneren Rinde von Eichen und anderen Arten tatsächlich Textilien herstellte.

Zur Versorgung der Krone mit Zucker braucht der Baum die Leitungen nicht, denn die Energie, die für die Blätter oder Nadeln notwendig ist, produzieren diese ja selbst in Hülle und Fülle. Die Wurzeln dagegen, im Kellergeschoss für das Gemeinwohl arbeitend, sind auf die

Liebesgrüße von oben angewiesen. Und nicht nur sie: Auch die Pilzfäden, um die Feinwurzeln geschlungen, werden mit den Zuckerlieferungen bezahlt.

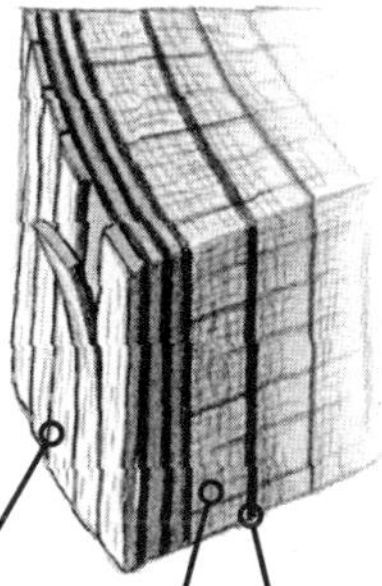

Dass dies so funktioniert, wird spätestens bei einer Ringelung deutlich. Es handelt sich dabei um die brutalste Methode, einen Baum loszuwerden. Dazu wird die Rinde manschettenförmig um den ganzen Stamm herum auf einer Breite von mindestens zehn Zentimetern abgeschält. Empfindliche Bäume sterben daraufhin rasch ab. Robuste Arten dagegen, wie die Buche oder die Hainbuche, kämpfen jahrelang gegen ihr Schicksal an. Die Wasserversorgung, die ja innerhalb der äußeren Jahresringe verläuft, wird durch die Ringelung nicht unterbrochen. Die Blätter in der Krone werden fleißig weiter mit Wasser versorgt und produzieren Zucker, sodass ihnen nichts fehlt. Leittragende sind die Wurzeln und die Pilze, die im Gegenzug keine Nahrung mehr erhalten und so langsam verhungern. Dieser Hungertod kann sich über fünf oder mehr Jahre hinziehen, eine echte Qual für den so behandelten Baum. Dieser versucht verzweifelt, die verbleibende Zeit zu nutzen. Wie Finger tastet sich neu gebildetes Kambiumgewebe über das freigelegte Holz und

Bäume sterben ab, wenn ihre Rinde manschettenförmig abgeschält wird.

trachtet danach, den abgeschälten Streifen zu überbrücken. Ich habe schon Buchen gesehen, die innerhalb eines Sommers eine Ringelung von dreißig Zentimeter Höhe überwuchsen und dadurch überlebten. Denn ist erst einmal der Kontakt über eine dünne Brücke hergestellt, so setzt der malträtierte Baum alles daran, diese Verbindung rasch zu verbreitern und zur Normalität zurückzukehren.

Neben der Funktion als Versorgungsleitung hat der Bast auch eine Speicherfunktion. Irgendwo muss schließlich der Vorrat für das nächste Frühjahr, für den kräftezehrenden Austrieb im Mai, gebunkert werden. Die Zeit vom Frühling bis zum Laubfall im Herbst wird genutzt, um den Bast mit Zucker und Proteinen prallvoll zu tanken. Und dieser süße Speicher zieht viele Pflanzenfresser magisch an. Leicht macht es der Baum diesen Zuckerdieben aber nicht. Denn wie ein Ritter hat er außen einen Panzer angelegt, den es zu überwinden gilt: die Borke.

Die Rüstung

Was Sie als Baumrinde sehen, ist genau genommen nur die Oberfläche der Borke. Sie gibt jedem Baum sein charakteristisches Bild, ist bei den verschiedenen Arten unterschiedlich gestaltet. Grundsätzlich besteht sie aus abgestorbenem Bastgewebe, welches von innen her durch das Kambium ständig neu gebildet wird und irgendwann ausgedient hat. Es wandert allmählich nach außen, reißt dabei auf und erzeugt so die mehr oder weniger gefurchte Außenhaut. Je nachdem, wie stabil sie ist, verbleibt sie Jahre oder Jahrzehnte am Stamm, wobei die Stärke synchron zum Alter ist: Je dicker, desto älter ist das korkartige Gebilde.

Die Borke hat ähnliche Funktionen wie unsere Haut. Sie verhindert Feuchtigkeitsverluste und bildet eine geschlossene Barriere gegen Infektionen durch Pilze, Bakterien oder Insekten. Auch mechanische Verletzungen vermag sie abzupuffern: Fällt etwa ein Nachbarbaum durch Sturm und streift dabei den Stamm, so wird zumindest das Gröbste von der ein bis fünf Zentimeter dicken Borke abgehalten.

Bei manchen Bäumen hat die äußere Rinde noch eine ganz andere Funktion. So etwa beim Mammutbaum, dessen Panzer sehr dick, aber überraschend weich ist. Wenn Sie ein solches Exemplar bei einem Spaziergang entdecken, so versuchen Sie einmal, den Finger in die Oberfläche zu drücken – das ist kein Problem. Sinn der lockeren, bis zu fünfzig Zentimeter dicken Konstruktion ist der Brandschutz. In Wäldern brennen bei Feuersbrünsten nicht immer die Bäume, sondern häufig nur alte Äste und sonstige abgestorbene Pflanzenteile. Die Bodenfeuer durchziehen einen Waldbestand oft in wenigen Stunden und sind dann wieder verloschen. Diese Spanne kann ein Mammutbaum mit seiner dicken, kaum brennbaren Borke bestens überstehen, denn die weichen Fasern isolieren den Stamm und vor allem das zarte Kambium und halten es kühl. Daneben sorgt das Feuer dafür, dass empfindlichere Baumarten, wie die Douglasie, beseitigt werden. Die Mammutbäume können nach einem Waldbrand ohne lästige Konkurrenten weiterwachsen und werden durch deren Asche sogar noch gedüngt.

Auch ihre Zapfen warten ungeöffnet bis zu 20 Jahre, um nach der Hitze eines Brandes aufzuspringen und die Samen auf den leer gefegten Waldboden zu entlassen.

Unsere heimischen Baumarten können dagegen keine Waldbrände vertragen. Ihre Borke ist zu dünn, sodass das Kambium rasch zerstört würde. Vorkehrungen gegen Feuer sind bei diesen Arten aber auch völlig überflüssig, da es in mitteleuropäischen Wäldern von Natur aus niemals Brände gibt. Versuchen Sie einmal, einen grünen Buchen- oder Eichenzweig anzuzünden – das wird nicht funktionieren. Und die Blätter, vermodernde Zweige und Stämme am Waldboden sind in unseren Breiten stets so feucht, dass auch sie nicht brennen.

Feuer hat nur in den gepflanzten Monokulturen der Nadelbaumarten eine Chance, da diese voller ätherischer Öle und Harze stecken. Doch Fichten und Co. hat es hier von Natur aus nie gegeben. Sollten Sie also in den Nachrichten von Waldbränden in Mitteleuropa erfahren, so können Sie sicher sein, dass es eine naturferne Anpflanzung erwischt hat.

Astnarben

Die Energie, die Bäume tanken, kommt von der Sonne. Und die scheint, eine Binsenweisheit, von oben. Wenn der Baum nun höher wächst, seine Kronenäste in die Breite schiebt, so nimmt unter ihm auch der Schatten zu. Irgendwann wird er so düster, dass es für die älteren, tiefsten Äste am Schaft nicht mehr ausreicht. Sie sterben, weil nutzlos geworden, ab. Tote Äste sind totes Gewebe, und in diesem kann der Baum nicht reagieren. Schön für gewisse Pilze, deren Leibspeise Zucker und Cellulose ist. Sie besiedeln den leblosen Ast und wandern in ihm in Richtung Stamm. Für den Baum ist das riskant, denn tief im Inneren hat er eine Problemzone. Nur die äußeren Jahresringe sind lebendig, weil in ihnen das Wasser transportiert wird. Diese Splintholz genannte Zone ist daher stets besonders nass, zu nass für Pilze.

Die innere Zone, Kernholz genannt, hat der Baum stillgelegt. Sie hat für ihn keine Funktion mehr; allenfalls steigert sie ein wenig die Stabilität. Jedes Jahr kommt außen ein Jahresring hinzu, und entsprechend wird innen einer aus dem Verkehr gezogen. Der Kernholzbereich wird mit steigendem Alter also immer größer.

Da ein Baum hier nichts mehr aktiv steuern kann, sorgt er kurz vor der Stilllegung dafür, dass niemand Zutritt zu seinem Innersten erlangen kann. Er verstopft die Verbindungen von Zelle zu Zelle und lagert, je nach Art, ein Imprägniermittel ein. Bei Eichen, Lärchen, Kiefern oder Douglasien ist es gefärbt, sodass sich das Kernholz vom Splintholz gut durch die dunklere Farbe abhebt.

Es gibt jedoch Pilze, die auf den Holzschutz pfeifen. Sie wandern an den Ästen entlang in den Stamm hinein und beginnen dort das große Fressen. Die notwendige Luft ziehen sie über den Aststumpf ein, der wie ein Schnorchel wirkt. Um dies zu verhindern, überwächst (in der Fachsprache: überwallt) der Baum den Aststumpf und verschließt ihn mit lebendem Gewebe sowie neuer Rinde. Dies vermag er aber nur mit der Geschwindigkeit wachsender Jahresringe zu tun, also wenige Millimeter pro Jahr.

Bei abgebrochenen Ästen startet ein Wettlauf zwischen Baum und Pilz. Schafft es der Baum, die Astwunde zu verschließen, solange der Pilz das Kernholz noch nicht erreicht hat, so kann er den betroffenen

Bereich wieder wässern, unterbricht die Luftzufuhr und macht damit dem Pilz den Garaus. Ist der Pilz jedoch schneller, so beginnt er sein Zerstörungswerk im Stamminnern.

Eine Faustregel besagt, dass der Baum bei Astwunden bis fünf Zentimeter Durchmesser Sieger bleibt, bei größeren gewinnt der Pilz.

Bei natürlich aufwachsenden Bäumen werden die fünf Zentimeter selten erreicht. In der Jugend, wenn der Nachwuchs wartend unter den Mutterbäumen steht, können sich schon aufgrund des Lichtmangels kaum stärkere Äste bilden. Segnen die Eltern das Zeitliche, so wächst ein Jungbaum rasch in die obere Baumschicht empor und entfaltet dort eine riesige Krone. Sie hat viele Jahre Bestand, es sterben in ihr keine mächtigen Äste ab. Die dünnen Totäste aus der Jugendzeit werden hingegen zügig und schadlos überwallt.

Ebenso ergeht es den Nestflüchtern. Sie bilden, da niemand sie bremst, schon in der Jugend eine große Krone aus. Gibt es keine Konkurrenz, überleben alle dicken Äste lange.

Aber ein Baumleben verläuft nicht immer nach Fahrplan. Und diesen Verlauf können Sie an der Rinde ablesen.

Im Normalfall, also bei den dünnen Jugendästen, die keine Probleme bereiten, fallen diese glatt am Schaft ab. Pilze schwächen ihr Holz, und über die Hebelwirkung, die direkt am Stamm am größten ist, wird der Ast mit einem Windstoß (oder einem Vogel, der sich daraufsetzt) komplett abgeworfen.

Überwallte Äste hinterlassen charakteristische Narben auf der Rinde. Um sich mit den Mustern vertraut zu machen, empfehle ich Ihnen, zunächst eine glattrindige Baumart, wie die Buche, unter die Lupe zu nehmen, weil die Bilder hier besonders deutlich zum Vorschein kommen.

Die meisten Seitenäste wachsen leicht aufwärts. Wird der Stamm nun dicker, so schiebt sich die Rinde über den Ast und wird oberhalb des Astes gestaucht; sie sieht hierdurch etwa dunkler aus. Durch das Dickenwachstum des Schaftes zieht sich diese Stauchung an den Rändern immer weiter auseinander, sodass sie aussieht wie ein dünner Schnurrbart. Gleichzeitig schiebt sich die Stauchungszone langsam nach oben; umso schneller, je steiler der Ast nach oben zeigt. Der Fachbegriff für dieses Phänomen heißt einprägsam »Chinesenbart«. Je mehr der Ast

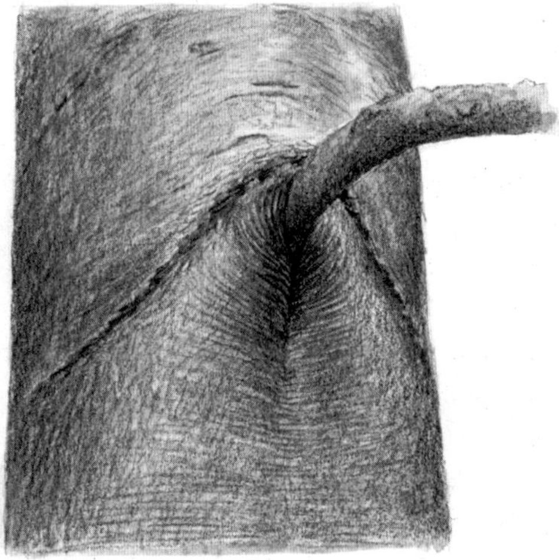

Am Seitenast wird die Rinde gestaucht, so entsteht der Chinesenbart.

nach oben geht, desto heftiger fallen Stauchung und Bart aus. Je dicker der Ast ist, je länger er also am Baum gewachsen ist, umso länger dauert auch die Phase der Rindenstauchung. Der mächtiger werdende Stamm schiebt sie durch das Dickenwachstum mit dem nach oben gerichteten Ast immer weiter hinauf. Bildlich ausgedrückt ist der nach oben wachsende Ast wie ein Schiff, welches eine Bugwelle in extremer Zeitlupe erzeugt. Und wie in einem windstillen Ozean ist diese Welle noch zu sehen, wenn das Schiff längst hinter dem Horizont verschwunden ist.

Eines Tages fällt der Ast ab; die Überwallung beginnt. Die Stauchung bleibt erhalten, wird jetzt aber nicht mehr stärker, da sich die Rinde über der Wunde schließt und wieder glättet. Nimmt der Stamm an Umfang zu, so wird die alte Stauchung immer weiter auseinandergezogen, der Winkel des Bartes stetig flacher, bis dieser nach Jahrzehnten aussieht wie ein Strich. Die Dicke der Linie gibt Auskunft darüber, wie steil der ehemalige Ast am Stamm gewachsen ist; der Winkel erlaubt eine grobe Schätzung des Zeitpunkts des Abfalls.

Genauere Hinweise gibt das sogenannte »Siegel«, die eigentliche Astnarbe. Es befindet sich unter dem Mittelpunkt des Bartes und ist nach der Überwallung zunächst kreisrund. Der Durchmesser dieser

Narbe ist doppelt so groß wie der Astdurchmesser, da sich die Anlaufstelle des Astes – der Übergang in den Stamm – trompetenförmig verbreitet und sich ebenfalls widerspiegelt. Da ein Baum nur mit dem höchsten Trieb nach oben wächst, bleibt unten am Schaft höhenmäßig alles beim Alten. Egal, ob ein eingeritzter Liebesschwur oder ein Wegezeichen, jedes Merkmal verharrt an Ort und Stelle. Und damit auch die Astnarbe, die künftig mit dem dicker werdenden Stamm wie die Bärte nur noch in die Breite gezogen wird.

Somit können Sie den Durchmesser des überwallten Astes bei einem alten Baum ermitteln: Es ist etwa die halbe Siegelhöhe. Wie tief er im Holz sitzt, darüber gibt die Höhe des Chinesenbarts Auskunft. Gemessen wird von seinen beiden tiefsten Enden bis zum Scheitelpunkt. Mehr als 30 Zentimeter Differenz deuten auf eine erst kürzlich stattgefundene Überwallung hin; es sind also erst einzelne Jahresringe Holz über dem Aststumpf gebildet worden. Sind es weniger als fünf Zentimeter, so sitzt der Ast wohlbehütet unter einer mehr als 15 Zentimeter dicken Holzschicht.

Dies gilt allerdings nur für Laubbäume, die generell ihre Seitenäste zunächst schräg nach oben wachsen lassen, bevor diese sich im Laufe der Jahre mit zunehmender Länge und höherem Gewicht nach unten biegen. Nicht alle Baumarten geben ihre Astgeheimnisse so offen preis wie die Buche. Bei Eiche, Birke oder anderen Arten mit einer stark zerfurchten Rinde muss man schon sehr genau hinsehen, um die alten Verwachsungen noch zu erkennen. Da deren Außenhaut schuppig ist, sehen die Narben eher aus wie Blüten. In der Fachsprache heißen Siegel bei Eichen und Co., daher auch »Rosen«.

Bei Nadelbäumen ist die Sache nicht so eindeutig, weil die meisten Äste waagerecht vom Stamm wegwachsen und daher keine Bärte erzeugen. Zumindest aber das Siegel ist ähnlich gut ausgebildet wie bei Laubbäumen.

Der praktische Wert einer solchen Geschichtsforschung liegt in einer Prognose, wie stark das Objekt der Untersuchung durch Fäulniserreger gefährdet ist. Wir erinnern uns: Die Grenze im Wettrennen zwischen Pilz und Baum ist bei fünf Zentimeter dicken Ästen erreicht. Alles ist relativ, auch bei Bäumen. Ein einzelner großer Aststumpf macht weniger Probleme als eine ganze Serie. Wie schwer sich ein Baum mit vielen Baustellen tut, demonstrieren Exemplare, deren Rinde von Buckeln übersät ist. Hier schafft es der Stamm offensichtlich auch nach etlichen Jahren nicht, wieder glatt und makellos zu werden, die Stümpfe, obwohl überwallt, wollen einfach nicht in der Tiefe verschwinden.

Viele dicke Totäste sind riskant, und kein Baum provoziert so etwas mit Absicht. Warum passiert es dennoch immer wieder? Ausgangslage ist eine Idealsituation: Eines Tages erhält der Baum Licht, viel Licht. Sei es, dass er endlich hinaufgekommen ist und die Größe der ihn umgebenden Exemplare erreicht hat, sodass niemand mehr seinen Schatten auf ihn wirft, sei es, dass er von vornherein ein sonniges Plätzchen ergattert hat, auf dem ihn keiner stört. Vielleicht steht er auch an einem Waldrand und kann sich zur Wiese hin ausbreiten. Schön gemütlich baut er seine Krone aus und wird dicker und dicker. Wie auch immer, er rechnet nicht damit, dass diese Lichtfülle eines Tages wieder abnehmen kann. Doch dann ist es so weit: Konkurrenz, manchmal durch Artgenossen, oft sind es aber andere Arten, trachtet danach, an ihm vorbei Höhe zu gewinnen. Egal, ob durch angepflanzten oder wild entstandenen Aufwuchs, sobald weitere Bäume Fuß fassen, ist der Startschuss für ein Wettrennen um Licht gefallen. Will unser Baum nicht verhungern, so bleibt ihm gar nichts anderes übrig, als sich selbst noch einmal aufzumachen und zu wachsen. Durch die Konkurrenten, aber auch seine eigenen Zweige und Blätter, wird es im unteren Stockwerk allmählich dunkler, sodass die schönen, dicken Äste absterben.

Dicke Beulen am Stamm sind immer ein Zeichen dafür, dass der Baum gezwungen wurde, seine Krone nach oben zu verlagern. Alte Eichen, einst als Hutebäume zur Schweinemast auf die Weiden gepflanzt und nun in neu entstandenen Wäldern eingewachsen, sind beste Beispiele solch buckliger Gesellen.

Hier noch eine praktische Hilfe für Ofenbesitzer: Wenn Sie Holz spalten wollen, so empfiehlt es sich, den Klotz so aufzustellen, dass Oben und Unten seiner Lage im Baum entsprechen. Die derbe Waldarbeiterregel hierzu lautet: Das Holz reißt, wie der Vogel scheißt (nämlich von oben nach unten). Und wo Oben ist, verraten die Astnarben. Der Vergleich mit den Bugwellen eines Schiffes mag noch einmal helfen: Oben ist dort, wohin die Bugwelle/die Spitze des Chinesenbartes zeigt.

Astring

Für die Überwallung von Ästen haben Bäume eigene Körperteile: die Astringe. Sie befinden sich an der Übergangsstelle von Ast und Stamm und können mit dem Schalltrichter einer Trompete verglichen werden. Oft ist die Rinde des Rings gefaltet, manchmal ist ein bilderbuchmäßiger Wulst zu erkennen. Dieses Gewebe ist in der Lage, einen Aststumpf ganz besonders rasch zu überwachsen. Zudem ist es ein Bollwerk gegen Pilze und verwehrt ihnen den Zugang zum Stamm. Daher ist es für den Baum von großer Bedeutung, dass dieser Ring nicht beschädigt wird.

Stirbt ein Ast ab, so bleibt diese Ansatzstelle stets lebendig und nimmt unverzüglich ihre Arbeit auf. Ist das Werk vollbracht und der Ast im wachsenden Stamm verschwunden, so glättet sich der Ring mit den Jahren und taucht ebenfalls im neu gebildeten Holz ein.

Wenn die Krone in die Höhe wächst und weiter unten starke Äste im Dämmerlicht versinken, so kann der Baum diese auch gezielt abschalten und verdorren lassen. Diese Prozesse erkennen Sie an dem sogenannten Abschiedskragen. Es ist ein besonders dicker und langer Astring, der oft zehn Zentimeter und mehr aus dem Stamm hinausragt. Am Ende dieses Kragens bildet der Baum eine scharfe Kante zum Ast, damit dieser hier abbrechen kann. Durch den weit hinausragenden Astring hat der Baum eine bessere Chance, die Wunde rasch zu schließen; die Wundheilung findet ja zehn Zentimeter vom empfindlichen Stamm entfernt statt. Pilze werden mithilfe des Abschiedskragens quasi auf Distanz gehalten.

Vielfach werden Äste an Gartenbäumen stammbündig abgesägt. Damit sind dann leider auch die Astringe und Kragen schwer beschädigt, da diese über die Rinde hinausragen. In Minutenschnelle herangewehte Sporen befallen die offenen Wunden. Da das Sperrgewebe der Ringe fehlt, können die Pilze ungebremst ins Stamminnere wachsen, während der Baum sich vergeblich bemüht, diese Bereiche abzuschotten.

Daher dürfen Sie davon ausgehen, dass eine derartige Verletzung über kurz oder lang immer zu einer gravierenden Fäule führt, was nicht nur für den Baum problematisch ist. Nach vielen Jahren, niemand denkt mehr an die Sägeaktion, kann so ein Kandidat, mittlerweile ausgefault und hohl wie ein Ofenrohr, zusammenbrechen.

Wenn Sie an Ihrem Gartenbaum einen Ast absägen müssen, sollten Sie daher immer darauf achten, dass der Astring dabei erhalten bleibt (siehe dazu auch Seite 141).

Sonstige Narben

Äste sind die Hauptverursacher für Zeichen auf der Rinde. Auf jedem Meter, den der Baum an Höhe zulegt, werden etliche Verzweigungen angelegt, die später wieder abfallen und sich auf der Außenhaut verewigen. Daneben gibt es aber eine ganze Reihe anderer Ereignisse, die derartige Spuren hinterlassen.

Beschädigte Rinde oder Narben in mehreren Metern Höhe, streifig angeordnet, lassen auf einen Schaden durch einen fallenden Nachbarbaum schließen. Bei einer Fällung kracht die Krone häufig in den nebenstehenden Baum, wobei die Äste brechen. Die Bruchstellen bilden messerscharfe Kanten, die beim Niedersinken des gefällten Exemplars die Rinde des Nachbarn aufschlitzen.

Einseitig am Stamm auftretende, fleckenförmige Narben, die die Oberfläche wie Sommersprossen bedecken, deuten auf ein plötzliches Ereignis für die gesamte Baumseite hin. Die fünf bis zehn Zentimeter großen, meist runden Rindenzeichen sind bei Bäumen, die über 100 Jahre alt sind, oft Hinweise auf Splitterschäden von Bomben. Die einzige andere Ursache, die ansonsten infrage kommt, sind sogenannte Grabenfräsen. Das sind Maschinen, die Gräben entlang von Wegen freimachen, indem sie Erde und Steine aufnehmen und in hohem Bogen seitlich in die Botanik schleudern. Werden dabei Bäume getroffen, so wird das Kambium verletzt und bildet ebenfalls die beschriebenen Narben.

Treten ähnliche Zeichen an der Oberseite von Ästen auf, so ist die Natur der Verursacher. Hagelkörner, die mehrere Zentimeter groß sind, bewirken nicht nur Blechschäden an unseren Autos – die gleiche Gewalt bewirkt auf der dünnen Astrinde schwere Verletzungen, nach deren Ausheilung kreisförmige Narben zurückbleiben.

Eine Reihe dicht nebeneinanderstehender, leicht auf- oder absteigender Rindennarben mit einem halben bis ein Zentimeter Durchmesser an jüngeren Bäumen oder dicken Ästen weist auf Spechte hin. Besonders die Ahornarten, aber auch andere Laubbäume sind von den Attacken betroffen. Die Ursache gleicht den Geschichten über Vampire: Die bis aufs Holz gehackten Löcher dienen den Vögeln dazu, die im Frühjahr kräftig strömenden Baumsäfte zu trinken. In der Regel bereitet dies dem Baum aber wenig Probleme, und die Schäden sind bis zum Herbst ausgeheilt. Kommt eine Infektion mit Pilzen hinzu, so können größere Wucherungen entstehen, die später nicht mehr eindeutig auf die Spechte zurückzuführen sind.

Falten

Es gibt verschiedene Rinden- oder besser Borkentypen unter den Baumarten. Manche sind schon in jungen Jahren mit tiefen Runzeln versehen, andere dagegen selbst in fortgeschrittenem Alter so glatt wie ein Babypopo.

Die Entstehung von Rindenfalten hat aber nichts mit Sorgen zu tun. Legt ein Stamm an Umfang zu, so wird ihm die Haut zu eng. Daher reißt diese in den äußeren, bereits abgestorbenen Bereichen auf. Weil im Rahmen des Wachstums von unten stetig neue Bastzellen nachgeschoben werden, werden die Risse in dem Maße immer tiefer, wie die Rinde wächst. Ewig hält sich auch die Borke nicht, sie blättert mit der Zeit mehr und mehr ab. Manchmal sind es auch Insekten, die sich an den Resten des einstigen Leitungsgewebes gütlich tun. Die kräftigsten Falten sind naturgemäß am unteren Stammteil zu finden, da dieser zugleich der älteste und damit dickste Bereich des Baumes ist.

Grundsätzlich halten sich ab einer bestimmten Risstiefe das Abblättern außen und der Nachschub von innen die Waage. Ob das tatsächlich so ist, können Sie selbst leicht erkennen: Werden die Klüfte mehr als fünf Zentimeter tief, so wird schneller nachgebildet als abgeblättert. Bei flacheren Rissen an alten Bäumen ist es genau umgekehrt. Bis aufs blanke Holz kann Rinde aber nicht verwittern; die Untergrenze stellt

Bei manchen Baumarten zeigt die Rinde schon in jungen Jahren tiefe Runzeln.

das lebende Rindengewebe dar – dieses bleibt immer intakt, es sei denn, der Baum ist krank.

Der Mammutbaum ist ein Beispiel für besonders dicke Borke und damit auch besonders tiefen Falten. Auch die Douglasie kann in hohem Alter recht kräftige Runzeln bilden. Kiefern und Eichen halten sich dagegen im Gleichgewicht: Bei drei bis fünf Zentimetern ist, von wenigen Ausnahmen abgesehen, Schluss.

Im Unterschied dazu weist die Buche bis ins Alter von 160 Jahren kaum Risse auf. Ihre Borke verwittert so rasch, dass die Rinde insgesamt nur einen Zentimeter dick wird und hierdurch schön glatt bleibt. Erst Bäume, die deutlich älter sind, bekommen eine dickere Haut und damit auch Falten.

Für die Tierwelt haben Rindenfurchen eine besondere Bedeutung. Ein einprägsames Beispiel ist der Mittelspecht. Er ist zur Nahrungssuche auf Totholz und mächtige Bäume angewiesen. Vor allem braucht er jedoch eine raue Rinde – weil er sich sonst nicht an den dicken Schäften festhalten kann. Ornithologen galt er stets als Eichenwaldspecht, in Buchenwäldern war er kaum zu beobachten. Damit lagen sie aber völlig falsch. Denn die Abwesenheit des bunten Vogels in Buchenwäldern liegt an der Forstwirtschaft. Die nutzt die silbergrauen Stämme, bevor die Bäume 160 Jahre alt werden. Denn ab diesem Zeitpunkt bildet sich im Inneren ein rot gefärbter Kern, der Vorbote einer folgenden Fäule sein kann. Um dies zu vermeiden, werden die Bäume bei Erreichen dieser Altersgrenze gefällt. Bis dahin sind die Stämme aber noch völlig faltenfrei.

Buchen können, so man sie denn lässt, 400 Jahre alt werden. Erst kurz vor der Lebensmitte geht die Faltenbildung los. Und da in unberührten Buchenurwäldern immer genügend Exemplare im reifen Alter vorhanden waren, konnten sich Mittelspechte prima an etlichen Stämmen auf und ab bewegen.

Mittlerweile wird der Vogel daher als Art der Buchenurwälder geführt, der in unserer Kulturlandschaft nur notgedrungen auf Baumarten ausweicht, die wie die Eiche schon in jungen Jahren eine raue Rinde bieten. Er gilt heute als Zeiger naturnaher Wälder, in denen Baumpensionäre ihren Lebensabend ungestört verbringen dürfen.

Bartwuchs

Häufig werde ich darauf angesprochen, ob ein bestimmter Baum krank sei, da er so merkwürdige Flecken auf der Rinde habe. Ich kann die Fragesteller jedes Mal beruhigen. Harmlose Flechten sind die Ursache, die es sich auf der Stammoberfläche gemütlich gemacht haben.

Flechten sind Pilze, die sich mit Algen verbündet haben. Ihr Leben ist hart und genügsam: Flüssigkeit kann nur durch Nebel und Regen aufgenommen werden, da sie keine Wurzeln haben. Die notwendigen Mineralien werden dem Staub der Umgebungsluft entnommen. In Trockenperioden verlieren Flechten fast ihr gesamtes

Wasser und verharren als Mumien inaktiv bis zum nächsten Schauer. Kein Wunder, dass ihre Wachstumsraten oft nur wenige Millimeter pro Jahr betragen. Dafür können sie aber sehr alt werden; sie beenden ihr Leben oft gemeinsam mit dem Baum.

Auch Moose sind harmlose Gesellen. Ob Stein oder Baum, sie brauchen nur eine feste Unterlage, um zu siedeln. Wobei ihnen ein dicker Stamm besonders lieb ist. Denn manche Baumarten, wie die Buche, leiten jede Menge Regenwasser an ihm hinab zu den Wurzeln. Auf dem Weg nach unten fängt das Moos einen winzigen Teil für seine eigenen Bedürfnisse ab. Es siedelt daher immer auf der feuchteren Seite des Schaftes.

Die Regel, wonach Sie die Himmelsrichtung am Moosbewuchs ablesen können, stimmt nur für absolut frei stehende Bäume: Da schlechtes Wetter in unseren Breiten meist von Westen heranzieht, wird der Regen mit dem Wind auch bevorzugt aus dieser Richtung gegen den Stamm geweht und bewässert auch so das dort wartende Moos, welches dann erheblich besser wächst. Ist der Garten windgeschützt oder stehen viele Bäume zusammen, etwa im Wald, so ist die Windrichtung unerheblich. Vielmehr spielt die Krümmung des Stamms die entscheidende Rolle. Viele Bäume sind leicht gebogen, und das herabfließende Wasser folgt dabei der Biegung. Während es an der der Biegung abgewandten Seite herabtropft, läuft es an der Oberseite der Kurve durchgehend bis zur Wurzel. Daher siedelt Moos an gekrümmten Schäften immer an der Oberseite der Krümmung. Die alte Pfadfinderregel würde Sie in diesen Fällen kräftig in die Irre führen.

Tränen

Die meisten Nadelbaumarten haben eine Art Wundpflaster: das Harz. Es kann in Sekundenschnelle kleine Wunden luftdicht verschließen, und seine Inhaltsstoffe wirken antibakteriell. Dazu sind im Holz, in der Rinde und in den Nadeln Harzkanäle angelegt, in denen stets ein ausreichender Vorrat gelagert ist.

Harz ist das Wundpflaster der Nadelbäume.

Kommt es durch Sturm zu einer heftigen Biegung des Stamms, so kann es zu Rissen im Holz kommen (siehe Kapitel »Der Stamm« Seite 39). Diese Risse werden sogleich mit Harz getränkt und repariert. Landet so ein Baum später zu Brettern gesägt im Baumarkt, so stören diese Harzgallen bei der Verarbeitung. Sie nehmen keine Farbe an und verflüssigen sich bei warmem Wetter, sodass klebrige Tropfen aus den Brettern austreten.

Mit dem Flüssigpflaster werden aber nicht nur Risse gekittet. Viel wichtiger ist die klare Substanz als Abwehrwaffe gegen Borkenkäfer. Sobald sich die gefräßigen Tierchen in die Rinde bohren, antwortet ein gesunder Baum mit einem tödlichen Begrüßungstrunk und klebt den Winzling fest. Viele Harztropfen auf der Stammoberfläche deuten immer auf eine Attacke hin. Handelt es sich bei den Angreifern um Insekten, so bedeuten die glitzernden Tröpfchen, die wie Tränen den Schaft bedecken, dass der Baum gut mit der Invasion fertig wird und diese vollständig abwehren kann.

Warum haben nur Nadelbäume ein solches Allzweckmittel? Möglicherweise hängt die Anlage von Harzvorräten mit der Heimat von Fichten und Kiefern zusammen – dem kühlen Norden. Denn sobald es nach dem langen Winter ein wenig warm wird, lebt die Tierwelt schlagartig auf. Und mit ihr auch die Borkenkäfer, die sich über die noch müden, trägen Bäume hermachen. Da kann es nicht schaden, reagieren zu können, obwohl man eigentlich gerade erst aus dem Schlaf erwacht.

Ein ähnliches Bild, aber eine viel bedrohlichere Situation ergibt sich, wenn Pilze die Ursache für eine harzende Rinde sind. Der Vormarsch der dünnen Fäden unter der Haut wird begleitet von absterbendem Gewebe, welches im Todeskampf die Harzkanäle leert. Nur selten gelingt es, auch den Pilz zu besiegen. Meist folgt dem Harzausbruch eine Vergilbung und schließlich ein Abfall der Nadeln – das Ende für den Baum.

Das Laub

Gute Mediziner können den Gesundheitszustand eines Patienten ohne lange Gespräche herausfinden – oft genug genügt ein Blick in die Augen.

Die Augen der Bäume sind die Blätter. Sie sind Kinder des Lichts, geschaffen, um die winzigen Photonen in mächtige Stämme zu verwandeln. Gleichzeitig sind es auch die Lungen, die mit Zehntausenden von Atemöffnungen (pro Blatt!) die Riesen unter den Pflanzen tagsüber mit Kohlendioxid und nachts mit Sauerstoff versorgen. Damit ein Baum nicht unter der Last dieser Sonnensegel zusammenbricht, sind Blätter (und natürlich die Nadeln der Nadelbäume) sehr filigran aufgebaut. So sind sie nicht nur leicht, sondern auch sehr empfindlich. Kein Wunder, dass sich die Befindlichkeit, aber auch die Persönlichkeit eines Baumes nirgendwo besser ablesen lässt als an seinem Grün. In den folgenden Kapiteln schauen wir uns die verschiedenen Aspekte von Blättern einmal genauer an.

Von Hasardeuren und Angsthasen

Jedes Jahr im Herbst hebt das große Rascheln an, wenn sich die Laubbäume ihrer Sonnensegel entledigen. Was ist nicht schon alles über die Gründe geschrieben worden, die Ursache ist tatsächlich ganz naheliegend: Es gilt, den herannahenden Herbststürmen so wenig wie möglich an Angriffsfläche zu bieten. Wie gut diese Strategie funktioniert, können Sie jeden Winter in den Nachrichten verfolgen. Vom Sturm geworfene Wälder betreffen fast immer Nadelbäume, nur in ganz seltenen Ausnahmefällen Laubbäume. Um mit dem fallenden Laub nicht zu viele Nährstoffe, vor allem Stickstoff, zu verlieren, zerlegt der Baum die Eiweißverbindungen der Blätter und transportiert sie in die Zweige zurück. Anschließend wird das Chlorophyll abgebaut, und die bisher nicht sichtbaren Carotinoide färben das Laub orange und gelb. Nun wird noch eine Trennschicht gebildet, das Laub fällt zu Boden, und schon sind die Äste kahl und windschnittig.

Ausgelöst wird der Prozess durch einen Rückgang der Tageslänge, verbunden mit dem Abfall der Temperatur. Womit nebenbei erwiesen ist, dass ein Baum beides registrieren kann.

Den Einfluss der Kälte können Sie bei jedem Laubbaum selbst beobachten: Hoch oben, wo es zuerst friert, fallen die Blätter sehr früh, während sie weiter unten am Stamm oft ein bis zwei Wochen länger verweilen.

Dass das alles nicht einfach automatisch geschieht, wird immer dann deutlich, wenn mehrere Bäume einer Art nebeneinanderstehen. Der eine verfärbt das Laub schon Anfang Oktober, während der andere noch Mitte des Monats in vollem Grün steht. Die Unterschiede sind weder durch den Boden oder das verfügbare Wasser noch aufgrund eines abweichenden Mikroklimas erklärbar. Ich kenne ein Beispiel von drei Eichen, die in jeweils 30 Zentimeter Abstand voneinander stehen und von Weitem aussehen wie ein einziger Baum. Im Herbst allerdings erkennt man sofort, dass es drei verschiedene Exemplare sind, weil sie alle zu einem unterschiedlichen Zeitpunkt das Laub abwerfen. Innerhalb des einen Meters Standraum, den die drei gemeinsam einnehmen, darf von gleichen Boden- und Wasserverhältnissen sowie gleichen Licht- und Temperaturverhältnissen ausgegangen werden.

Die Unterschiede lassen einen anderen Schluss zu. Jeder Baum verfolgt eine eigene Risikostrategie. Die Ausgangsbasis bilden folgende Fakten: Der Baum muss seine Blätter abwerfen, bevor er in den Winterschlaf geht. Schläft er einmal, kann er nicht mehr reagieren. Da die Zwangspause spätestens mit den ersten strengen Nachtfrösten einsetzt, ist dies der allerletzte Zeitpunkt für den Blattfall. Verpasst ein Baum diese Chance, so bleibt das Laub über den Winter am Baum und erhöht das Risiko, von Stürmen umgeworfen zu werden. Und jetzt wird es kniffelig: Woher soll der Baum wissen, wann das Thermometer so richtig in den Keller geht? Die Antwort: Er weiß es genauso wenig wie die Meteorologen der TV-Sender. Manchmal erleben wir einen goldenen Herbst, mit warmen, fast sommerlichen Tagen bis Ende Oktober. Andere Jahre warten schon Ende September mit den ersten Stürmen auf, gefolgt von einem Novemberbeginn mit Schnee bis in die Tieflagen. Ich denke dennoch, dass Bäume zumindest eine Ahnung haben, ob ein früher Winterbeginn ins Haus steht oder nicht.

Aber nun zu den Unterschieden. Wann der einzelne Baum damit beginnt, sich zu entblättern, ist tatsächlich eine Charakterfrage. Die Ängstlichen (oder je nach Interpretation Vernünftigen) werfen sicherheitshalber schon ein bis zwei Wochen vor der großen Masse das Laub ab – man weiß ja nie! Diese Vorsicht wird allerdings erkauft mit einer entsprechend verringerten Zeit der Zuckerproduktion; der Baum muss mit weniger Winterspeck auskommen. Wird er im nächsten Frühjahr krank, so fehlen ihm möglicherweise diese Reserven.

Wann ein Baum sein Laub abwirft oder im Frühjahr beginnt, neu auszutreiben, ist eine Charakterfrage.

Der Wagemutige lässt die Blätter so lange an den Ästen, wie es nur irgend geht. Jeder Tag im goldenen Oktober ist für ihn ein Gewinn, er fährt die Zuckerernte noch in vollen Zügen ein, während der Angsthase neben ihm schon vom nächsten Frühling träumt. Überspannt er den Bogen, so überrascht ihn die erste harte Frostnacht und zwingt ihn in den Schlummer. Seine braunen Blätter, den ganzen Winter am Baum verbleibend, lassen für jedermann erkennen, wer sich hier gründlich verschätzt hat.

Im Frühjahr ist es genau umgekehrt. Das hauchzarte, maigrüne Blattwerk ist äußerst empfindlich gegen späte Fröste. Erfriert die komplette Pracht, so muss der Baum unter Aufbietung der letzten Reserven noch einmal austreiben. Vorsichtige Exemplare warten lieber etwas länger, bevor sich ihre Knospen zaghaft entfalten. Die Draufgänger dagegen – nach dem Motto: »Hoppla, jetzt komm ich!« – nutzen schon warme Apriltage für den Start in die neue Saison. Genau wie im Herbst gilt: Liegt der frühe Baum richtig, so tankt er eine Extraportion Energie. Irrt er jedoch, so fällt er hinter den Vorsichtigen zurück. Das ideale Maß zu finden, darin besteht die Kunst des Baumlebens.

Schlamperei

Bevor es in den Winterschlaf geht, zieht der Baum einen Teil der Nährstoffe aus den Blättern zurück – das haben wir schon besprochen. Je nach Baumart wird dies ganz unterschiedlich gehandhabt. Da gibt es etwa die Erle, die ihr Laub einfach grün hinunterwirft – ganz ohne Nährstoffrückgewinnung. Sie kann es sich leisten, denn im Keller, an ihren Wurzeln, sitzen Knöllchenbakterien, die Stickstoff in Hülle und Fülle nachliefern. Andere Baumarten, wie Kirsche oder auch Apfel, lassen los, sobald die Blätter rot oder gelb werden. Richtig gründlich räumen Buchen oder Eichen in den Sonnensegeln auf – und werfen sie erst ab, wenn diese braun sind. All dies stellt aber nur eine generelle Regel dar, von der es Ausnahmen gibt. Denn unter den Bäumen gibt es recht schlampige Gesellen. Sie gehen nicht gründlich und systematisch vor, sondern lassen ein buntes Durcheinander von grünem, gelbem und braunem Laub fallen. Oft sind sogar sämtliche Farben in einem Blatt zu finden, welches an den Rändern braun, in der Mitte gelb und an den Adern sowie Richtung Stiel noch grün ist. Es sieht fast so aus, als habe der Baum keine Geduld mehr gehabt, den Abbau der Inhaltsstoffe zu Ende zu bringen. Ob er sich den damit verbundenen Nährstoffverlust leisten kann, wird das nächste Frühjahr zeigen.

Allerdings kommt es auch bei sorgsam arbeitenden Bäumen dazu, dass Blätter, die noch grüne Flecken aufweisen, abgeworfen werden. Diese grünen Flecken deuten auf Pilz- oder Bakterienbefall hin. Die kleinen Schmarotzer möchten einfach noch ein wenig länger von der saftigen Frische profitieren und hindern den Baum daran, sämtliche Proteine abzuziehen. Den Unterschied zwischen Schlamperei und Parasiten können Sie am abgeworfenen Blatt folgendermaßen erkennen: Geht die Färbung, vom Blattstiel aus gesehen in Richtung Blattrand, von Grün nach Gelb (oder Rot) bis hin zu Braun über, so hat der Baum nicht sorgfältig gearbeitet. Ist dagegen die erste Zone, also der Stiel und das anschließende Blattstück, braun, und folgt erst dahinter eine farbige, gar grüne Zone, so wurde der Baum durch Kleinstorganismen am weiteren Abbau gehindert (und trägt daher keine Schuld am Nährstoffverlust).

In besonders guten Jahren, wenn es neben reichlich Sonnenschein auch genügend Regen gibt, kann man bestimmte Bäume dabei beobachten, wie sie schon Ende August den Laden schließen. Die Herbstfärbung tritt ein, leuchtend rotes Laub signalisiert, dass der Winterschlaf naht. Speziell bei einigen Arten, die den Rosengewächsen zugerechnet werden, vor allem Kirschen, Ebereschen, Elsbeeren oder Mehlbeeren, ist das Phänomen zu beobachten. Haben sich diese Bäume im Kalender geirrt? Denn um sie herum prangen Eichen, Buchen oder Eschen noch im sattesten Grün.

Vertan haben sie sich nicht, aber das Behalten des Laubs macht für sie keinen Sinn mehr, denn die Tanks sind voll. Ihr Speichergewebe hat auch noch den letzten Winkel mit Zucker und Proteinen gefüllt; jeder weitere Produktionstag wäre sinnlos. Daher packen diese Arten in besonders guten Jahren einfach schon früher ein, und der zeitige Laubfall signalisiert keine Krankheit, sondern nur: »Ich bin satt!«

Immergrün

Mit Ausnahme der Lärche sind die heimischen (und die meisten importierten) Nadelbäume immergrün, sie behalten ihre Blätter im Herbst. Zumindest mehrheitlich. Denn ab und zu ist eine Erneuerung angesagt. Alte, beschädigte Nadeln müssen von Zeit zu Zeit gewechselt werden, indem einfach die jeweils ältesten abgeworfen werden. Mit den jungen Trieben im Frühjahr kommt ja jährlich eine neue Lieferung hinzu, sodass die Zahl der Nadeljahrgänge an einem Zweig konstant bleibt. Je nach Baumart können dies vier (Kiefer) bis zehn (Fichte) sein, kranke Bäume haben deutlich weniger.

Wenn die Laubbäume abwerfen, ziehen die Nadelbäume nach und lassen den größten Teil der überflüssigen Nadeln ebenfalls fallen, so als ob auch sie etwas zur herbstlichen Pracht beitragen wollten. Aber warum behalten sie die Nadeln überhaupt? Müssen sie nicht auch Vorsorge treffen, um den kommenden Stürmen wenig Angriffsfläche zu bieten? Über 90 Prozent der in Mitteleuropa von Orkanen geworfenen Bäume sind schließlich Fichten, Kiefern oder Tannen.

Die Antwort liegt in der Herkunft. Überall dort, wo es besonders trocken, häufiger aber noch extrem kalt ist, können diese Arten ihre Vorteile ausspielen. So etwa in der Taiga, dem nördlichen Waldgürtel, der sich von Sibirien über Skandinavien bis Kanada erstreckt. Frühling, Sommer und Herbst – das sind in diesen Gegenden oft nur wenige Wochen. In dieser Zeit Laub zu bilden, Holz zu produzieren und anschließend das Laub wieder abzuwerfen, wäre viel zu umständlich und zeitraubend. Wenn der Baum jederzeit produktionsbereit ist, kann er auch einzelne, warme Frühjahrstage nutzen, selbst wenn im weiteren Verlauf noch einmal eine Frostperiode folgt. Um keine Erfrierungen zu erleiden, lagern Nadelbäume Frostschutzmittel ein (die so schön verpuffen, wenn man die Nadeln in Adventskranzkerzen hält). Zudem sind sie mit einer dicken Schutzschicht gegen Verdunstung versehen, was die Nadeln im Vergleich zu Blättern sehr hart macht. Durch diese Konstruktion können die meisten Koniferen immergrün bleiben und besiedeln so Gebiete, welche für viele Laubbäume problematisch sind.

Der Mensch hat nun aber aus vielerlei Gründen, sei es die Forstwirtschaft, sei es die Ästhetik oder sei es die Produktion von Weihnachtsbäumen, diese Baumgruppe nach Mitteleuropa eingeführt, der Heimat von Laubbäumen. Hier sind die Wachstumsbedingungen völlig andere. Es ist vergleichsweise warm, zudem ist stets ausreichend Wasser vorhanden. Die Vegetationsperiode verlängert sich von wenigen Wochen auf rund sechs Monate – kurz: ein pflanzliches Schlaraffenland. Das schadet den Nadelbäumen keineswegs, sie gedeihen unter den für sie unnatürlichen Bedingungen gut. Zu gut. Denn sie schießen regelrecht in die Höhe, als könnten sie ihr Glück nicht fassen. Doch wie sagte schon Wilhelm Busch? »Aber wehe, wehe, wehe, wenn ich auf das Ende sehe!« Und dieses Ende nähert sich rein statistisch gesehen, wenn die Fichten eine Höhe von 25 Metern überschreiten. Denn dann wird die Hebelwirkung der grünen Krone während eines typischen Wintersturms so groß, dass es nur eine Frage der Zeit ist, bis der Baum umgeworfen wird.

Die immergrüne Pracht birgt noch eine weitere, wenn auch erheblich seltenere Gefahr. Denn im Frühjahr wird es oft schlagartig warm. Der Baum taut auf und ist sofort produktionsbereit, weil er ja im Gegensatz zu seinen belaubten Kollegen stets alle Sonnensegel parat hat. Manchmal scheint es aber Koordinationsprobleme zu geben. Während oben in der Krone schon Geschäftsbetrieb herrscht, ist der Wurzelraum im Keller dank des noch gefrorenen Bodens nicht in der Lage, Wasser zu liefern. Die aktiven Nadeln saugen, scheinbar ahnungslos, auch noch den letzten Tropfen aus dem Stamm, sodass der Baum vertrocknet und stirbt.

Müllabfuhr

Bäume sind erstaunliche Wesen und weisen teilweise menschlich anmutende Eigenschaften auf. Sie atmen, sie ernähren sich von Süßem (dem Zucker ihrer Blattfabriken), sie kennen Elternfreuden und pflegen Freundschaften. Ein ganz banales Thema habe ich bisher ausgelassen: Müssen Bäume nicht irgendwann auch einmal »auf die Toilette«? Schließlich kann kein Wesen der Erde immer nur essen und trinken, ohne später wieder etwas von sich zu geben.

Der Baum bildet aus Kohlendioxid und Wasser Glukose (Traubenzucker), als Abgas atmet er Sauerstoff aus. Das allein ist aber noch keine Antwort; wir zerlegen unsere Nahrung ebenfalls größtenteils in diese Stoffe (CO_2 und Wasser) und verbrauchen hierbei Sauerstoff. Was aber ist mit den nicht verwertbaren Substanzen? Der Mensch kann sich davon mittels Urin und Kot befreien. Haben Sie jedoch einmal einen Baum dabei gesehen? Ja, das haben Sie! Denn der herbstliche Laub- oder Nadelfall dient neben den schon erwähnten Aspekten tatsächlich auch der Entsorgung von »Baumfäkalien«. Kurz vor dem Abwurf packt der Baum die Stoffe hinein, die er nicht mehr benötigt, und mit dem nächsten Windstoß segeln sie zu Boden.

Und hier unten wartet schon die Müllabfuhr. Gäbe es sie nicht, würde der Baum eines Tages im eigenen Unrat ersticken; zudem wäre das Erdreich ohne Recycling schnell ausgelaugt. Es ist eine ganze Armada, die sich an dem Laub zu schaffen macht. Bis heute sind nicht alle Arten bekannt, die dort am Werk sind. Sicher ist, dass es ohne sie keine Wälder geben könnte.

Zuerst machen sich Asseln und Käfer über die ausrangierten Sonnensegel her und fangen an, sie zu zerkleinern. Auch Pilze und Bakterien beginnen mit dem Festmahl. Ist das Ganze etwas mürber, so gesellen sich Regenwürmer, Springschwänze und Milben hinzu. Sie fressen sich durch die schier endlosen Berge von Laub, dessen Masse pro Quadratkilometer Wald über 400 Tonnen jährlich beträgt. Dazu kommen bis zu 1100 Tonnen an toten Stämmen, Ästen und Zweigen sowie die Kadaver großer und kleiner Tiere.

Beim Fraß wird immer auch ein wenig Erde mit verschluckt, sodass der Kot der winzigen Fresser ein Gemisch aus Humus und Ton ist. Diese Minikügelchen, für das bloße Auge als feinkrümeliger Boden zu erkennen, besitzen beste Wasserspeicherfähigkeit und binden freiwerdende Mineralien.

Die kleinen Helfer der Bäume sind auch gewichtsmäßig eine beachtliche Größe im Wald. Während die Masse aller Säugetiere pro Quadratkilometer bei maximal drei Tonnen liegt, bringen es allein die Regenwürmer auf derselben Fläche auf 20 Tonnen. Wissenschaftler schätzen, dass die übrigen Laubfresser, also Milben, Springschwänze und Co., unglaubliche 2000 Tonnen je Quadratkilometer wiegen. Das

Eine Vielzahl an Bodenlebewesen verwandelt Laub in feinen Humus.

reichhaltigste Tierleben finden Sie während eines Waldspaziergangs also unter Ihren Füßen. Und ganz wie im Regenwald ist auch hierzulande noch längst nicht jeder Knirps entdeckt. Damit ist auch klar, dass das Ökosystem Wald, das Zusammenspiel zwischen Baum und laubfressenden Kleinstlebewesen, bis heute nicht vollständig erforscht, geschweige denn verstanden ist.

Das Recyceln der Baumfäkalien ist aber nicht der einzige Dienst, den die Wichte leisten. So teilen sich die Regenwürmer in rund 40 verschiedene Arten auf, die unterschiedliche Bodenstockwerke besiedeln. Während einige immer schön flach unter der Oberfläche graben, stoßen andere in über zwei Meter Tiefe vor. Die Gänge werden mit Schleim und Exkrementen »tapeziert«, damit die Würmer rasch hindurch rutschen können.

Diese Röhren bilden ein unterirdisches Belüftungssystem und versorgen nebenbei auch die Baumwurzeln mit Sauerstoff. Zudem kann durch sie Regenwasser zügig im Erdreich versickern, sodass das kostbare Nass schön unter dem Baum bleibt und nicht in den nächsten Bach fließt. Schließlich wurzelt der Baum auch besonders gerne entlang der Regenwurmstraßen, da er sich dann die Mühe sparen kann, harten Boden zu durchstoßen.

Ist die Müllabfuhr intakt, so werden die Blätter innerhalb von drei Jahren restlos verarbeitet und in humosen Waldboden umgewandelt. Hier finden wiederum die Baumwurzeln beste Bedingungen vor: Es ist immer schön feucht, und es gibt genügend Mineralien.

Das Zusammenspiel zwischen Bäumen und den Mikroorganismen ist so gut, dass sich diese Gemeinschaft praktisch überall, wo es ausreichend Niederschläge gibt, den passenden Waldboden selber bastelt.

Haben Sie Bäume in Ihrem Garten, so ist es eine nette (und fruchtbare) Geste, wenn Sie ihnen die Blätter rund um den Stamm für ihre Untermieter liegen lassen.

Hausputz

An dieser Stelle möchte ich noch einmal auf die Äste zurückkommen, weil die Müllabfuhr mit dem Recycling der Blätter noch nicht beendet ist. Äste sterben ab, wenn sie nicht mehr genügend Licht erhalten und somit überflüssig werden. Trotzdem verbleiben sie zunächst am Baum, weil dieser hier (im Gegensatz zu überflüssigen Blättern und Nadeln) keine Trennschicht bilden kann. Wir haben schon über den Wettlauf des Baumes mit den Pilzen gesprochen; dass er alles daransetzt, den Aststumpf so schnell wie möglich zu überwachsen. Ein wichtiges Detail fehlt dazu aber noch: Der tote Ast muss zuerst einmal abfallen. Andernfalls kann der Baum sich anstrengen, wie er will, er wird es nie schaffen, sein Holz über die Wunde zu schieben. Angenommen, der Ast wäre drei Meter lang, so müsste der Stamm drei Meter im Radius zunehmen, damit er über die Astspitze hinauswachsen und den Bereich endlich mit neuer Rinde bedecken kann. Drei Meter Radius, sechs Meter im Durchmesser, so dick können Bäume bei uns nicht werden. Und selbst wenn sie es könnten, vergingen bis zum Abschluss dieses Prozesses viele Jahrhunderte, womit die Sieger des Wettlaufs entschieden wären: die Pilze.

Also muss der tote Ast abgestoßen werden. Je kürzer der verbleibende Stumpf, desto schneller ist die Überwallung abgeschlossen. Doch wie soll der Baum dieses tote Gewebe dazu bewegen, endlich loszulassen? Er selbst kann es nicht, ihm wird jedoch geholfen. Zunächst sind es tatsächlich diejenigen Pilze, die ihm ans Leder bzw. das Holz wollen – sie beginnen, auch den toten Ast noch am Baum zu zersetzen. Das geht umso rascher vonstatten, je mehr ein echtes Waldklima herrscht, je feuchter und schattiger es ist.

Ist der Ast dann angemorscht, so kommen die Herbststürme ins Spiel. Wenn es heftig bläst, sodass die Bäume sich bis in die Astspitzen biegen, bricht dürres Reisig überall aus den Kronen und vom Stamm. Der Wind wirkt wie ein gigantischer Besen, der dem Baum die unerwünschte Zierde vom Hals schafft.

Kleine Äste bis etwa fünf Zentimeter Durchmesser werden so Jahr für Jahr aussortiert. Bei dicken Ästen wird es schwieriger. Baumarten, die ein Kernholz bilden, werden die Schwergewichte noch schlechter los. Denn auch in Ästen wird ab rund zehn Zentimeter Durchmesser der Innenteil stillgelegt und mit pilzhemmenden Stoffen bestückt. Solange die Äste leben, ist dies auch sinnvoll, da sie dann bei einer Verletzung nicht gleich beginnen, zu faulen. Tote Kameraden wird man dafür leider auch schlechter los. Daher haben Eichen, Kiefern, Lärchen und die anderen Kernholzarten häufig dicke Totäste am Schaft, die einfach nicht abfallen wollen.

Sind die toten Äste aber eines Tages so morsch, dass sie sich kaum noch halten können, so ist es nicht der Sturm, der den Hausputz erledigt. Gerade wenn es windstill ist, rummst es in alten Wäldern von Zeit zu Zeit gewaltig. Dann krachen die Äste zu Boden, und der erschrockene Spaziergänger sucht vergebens einen Auslöser für das Holzbombardement. Die Ursache ist in der feuchten Luft zu suchen. Wenn Nebelschwaden dem Wald eine mystische Atmosphäre verleihen, saugt sich das tote Holz voll Wasser. Schwerer und schwerer wird es, bis das zusätzliche Gewicht schließlich zu viel wird und der Ast zu Boden fällt.

Somit steht fest, dass Nebelwetterlagen für einen Spaziergang unter alten Bäumen mindestens genauso gefährlich sind wie ein Sturm.

Vor allem bei Nebel fallen dicke tote Äste ab.

Im Porträt: die Vogelkirsche

Die Vogelkirsche *(Prunus avium)*, von der die Süßkirsche abstammt, kämpft mit ähnlichen Problemen wie der Holzapfel (siehe Seite 130). Durch Vermischung von Pollen mit Zuchtarten wird die einheimische Wildform mehr und mehr zurückgedrängt. Davon abgesehen ist die Kirsche eine echte Frohnatur: Sie liebt die Wärme, mag sonnige Plätze, und dankt es dem Gartenbesitzer mit einem raschen Wuchs. Nasse oder sehr saure Böden behagen ihr nicht, auf allen anderen Standorten Mittel- und Südeuropas fühlt sie sich sehr wohl und kann in ihrer Wuchshöhe durchaus mit Buchen oder Eichen mithalten. Im Gegensatz zu Apfelbäumen ist sie daher auch in geschlossenen Waldgebieten immer wieder anzutreffen.

Die Vögel, die der Wildform ihren Namen gaben, sind so gierig auf die Früchte, dass die meisten noch vor der Reife gefressen werden.

Das stürmische Jugendwachstum (Endgröße bis 25 Meter) wird mit einer kürzeren Lebensdauer bezahlt; so faulen die Bäume spätestens mit 80 Jahren und brechen dann bald ab.

Die Blüten

Bäume durchlaufen ähnliche Stadien wie wir Menschen. Kindheit, Jugend und schließlich das Erwachsenenleben, dem eine Altersphase mit Schwäche und zuletzt der Tod folgen. Den Übergang vom Jugendlichen zum Erwachsenen können Sie zielsicher erkennen: Der Baum blüht jetzt zum ersten Mal. Dieser Zeitpunkt ist von Art zu Art verschieden. So sind die Nestflüchter, also Birken, Kirschen, Obstbäume oder Weiden schon sehr früh an der Reihe und bemühen sich oft bereits vor dem Erreichen des zehnten Lebensjahres um Nachwuchs. Die Nesthocker, typische Bäume geschlossener Wälder, brauchen dafür viel länger. Je nachdem, wie viel Licht die Sprösslinge erhalten, dauert es bis zur ersten Blüte 40 bis 150 Jahre. Wie auch immer, sobald der Baum sich um Nachwuchs bemüht, ist die Jugendzeit vorbei. Dennoch wächst er weiter, das machen Bäume ja grundsätzlich lebenslang. Von diesem Zeitpunkt an geht es aber ein wenig geruhsamer in die Höhe, weil ein Teil der Kraft in die Samenbildung investiert werden muss.

Bei der Fortpflanzung (und um nichts anderes handelt es sich beim Blühen) haben Bäume eine besondere Methode. Dazu muss man sich ihre Evolutionsstrategie genauer ansehen.

Baumexemplare einer Art haben eine beachtliche genetische Varianz, will heißen, dass sie sich in ihren Erbanlagen sehr stark voneinander unterscheiden. Diese Unterschiede sind erheblich größer als etwa bei Menschen verschiedener Kontinente. Das hat einen ganz einfachen Grund: Bäume können sehr alt werden. Vier bis fünf Jahrhunderte, in Ausnahmefällen sogar Jahrtausende, an Höchstalter bedeuten einen beträchtlichen Abstand der Generationen untereinander. Denn um der Jugend Entwicklungschancen zu geben, müssen erst die Großeltern und Eltern weichen. Im Urwald bedeutet dies, dass ein Baumriese nach einem langen Leben morsch zusammenbricht und endlich wieder Licht bis zum Boden durchdringt. Der hier wartende Nachwuchs kann nun erst sein Höhenwachstum starten.

Anpassung findet im Rahmen der Evolution nur durch Generationenfolge statt, bei der die Gene neu gemischt werden und infolgedessen neue Eigenschaften entstehen können. Je größer der Abstand zwischen Eltern und Kind ist, desto geringer ist demnach die Anpassungsmöglichkeit. Menschen bringen während eines durchschnittlichen Baumlebens 20 bis 25 Generationen hervor, haben somit eine 20- bis 25-fach beschleunigte Anpassungsrate an neue Umweltbedingungen.

Bäume gleichen diesen Nachteil durch eine besonders stark ausgeprägte Individualität aus, sodass sich Exemplare einer Art genetisch genauso deutlich unterscheiden können wie etwa ein Gorilla von einem Schimpansen. Buche ist nicht gleich Buche, Tanne nicht gleich Tanne.

Wegen der Langsamkeit des Generationenwechsels ist die Mischung der Gene bei der Vermehrung ganz besonders wichtig. Und genau hier ergibt sich ein Problem. Denn im Urwald ist es dunkel; das machen die Bäume übrigens mit Absicht. Es soll so wenig Licht auf den Boden gelangen, dass nur der eigene Nachwuchs überlebt. Lichtliebende Kräuter und Sträucher, die lästige Konkurrenten um Wasser und Nährstoffe sind, bleiben so außen vor. Mit ihnen fehlen allerdings auch die bestäubenden Insekten, die sich nur bei regelmäßigem Angebot von Nektar und Pollen einfinden würden. Da Bäume nicht jedes Jahr blühen, kann sich in einem großen Urwald keine Insektenpopulation dauerhaft halten.

Um dennoch eine intensive Durchmischung der Gene zu bewerkstelligen, bleibt Urwaldbäumen nur der Wind. Mit seiner Hilfe wird der staubfeine Pollen in riesigen Wolken über viele Kilometer zu anderen Exemplaren der gleichen Art geblasen, um sich dort mit den weiblichen Blüten zu vereinen. Damit diese Blüten auch wirklich von Pollenkörnern getroffen werden, muss eine gigantische Anzahl dieser Staubpartikel auf Reisen geschickt werden. So treffen auf jeden Quadratzentimeter Oberfläche in einem blühenden Wald mehr als 20 000 Pollenkörner. Somit ist sichergestellt, dass alle weiblichen Blüten befruchtet werden.

Bäume der Waldränder und der Steppen haben hier einen Vorteil: Sie können sich beim Sex auf Hilfsarbeiter verlassen. Die vielen

Zuchtsorten unserer Obstarten und Birken blühen jährlich.
Viele andere Baumarten setzen nur alle vier bis fünf Jahre Blüten an.

Insekten, welche Nahrung bei den millionenfach blühenden Wiesenkräutern suchen, bestäuben auch die Kelche in den Kronen.

In Bezug auf die verschiedenen Geschlechter verfährt jede Baumart anders. Während Obstbäume in jeder Blüte sowohl männliche als auch weibliche Geschlechtsorgane vereinigen, sind bei den meisten Waldbäumen, die auf den Wind als Befruchtungshelfer angewiesen sind, die unterschiedlichen Geschlechter fein säuberlich getrennt und auf diverse Blütenarten festgelegt. Typische Vertreter dieser Trennung sind Birken, Nussbäume, Eichen oder Buchen.

Bei Pappeln und Weiden, Erlen oder dem Ginkgo geht die Separation sogar so weit, dass es männliche und weibliche Bäume gibt. Sie verraten ihr Geschlecht nur zur Zeit der Blüte.

Die Fortpflanzung ist eine anstrengende Angelegenheit. Denn um die reifenden Früchte vor dem Herbst fertig auszubilden, müssen die Blüten so früh wie möglich am Baum erscheinen, teilweise noch vor den Blättern. Zusätzlich zu den neuen Trieben kostet das enorm viel

Kraft, die dann etwa für die Abwehr von Krankheiten fehlt. Und das ist riskant. Daher blühen die meisten Bäume grundsätzlich nur alle vier bis fünf Jahre. Ausnahmen bilden die Nestflüchter wie Weiden oder Birken, die fast jährlich ihren Nachwuchs auf Reisen schicken. Auch unsere Zuchtsorten bei den Obstbäumen fruchten viel häufiger – denn wer möchte schon nur alle Jubeljahre einmal ernten?

Als ob sie nicht nachstehen wollten, haben die Waldbäume ihren Rhythmus ebenfalls verkürzt und lassen nun im Abstand von zwei bis drei Jahren Eicheln, Eckern und Zapfen erscheinen. Der wahre Grund liegt im Stress begründet. Geht es den Bäumen schlecht, so investieren sie besonders viel Energie in ihren Nachwuchs. Und verlieren so noch mehr Kraft. Der Sinn dieses scheinbar selbstzerstörerischen Treibens: Der Baum hat Angst, dass das kommende Jahr sein letztes sein könnte – und möchte sich daher noch einmal schnell fortpflanzen, damit wenigstens seine Gene überleben. So sind Stressjahre immer der Auslöser für eine besonders üppige Baumblüte im Folgejahr, so etwa extrem trockene Sommer.

Da durch Luftverschmutzung und Klimawandel viele Arten unter Druck geraten, hat sich der Blührhythmus auf die besagten zwei bis drei Jahre verkürzt.

Wenn Ihr Gartenbaum also einmal eine Verschnaufpause einlegt, so sehen Sie es als wohlverdienten Urlaub an – auch wenn es in diesem Jahr dann keine eigenen Äpfel gibt.

Die Embryos

Bäume haben die verschiedensten Strategien, um ihre Samen in die Erde zu bringen. Viele vertrauen auf den Wind und haben hierzu die unterschiedlichsten Konstruktionen entwickelt. Um fliegen zu können, sollten die kleinen Kraftpakete möglichst leicht sein. Pappeln sind hierin wahre Meister und reduzieren das Gewicht ihrer Embryos auf unter ein Milligramm. Versehen mit igelförmig abstehendem, feinstem Flaum, reicht schon ein zarter Windstoß, und ab geht die Reise. Der Flug kann bei stürmischem Wetter über 100 Kilometer weit gehen. Da die Pappel ein Nestflüchter ist und ohnehin nicht den Schutz der Eltern braucht, ist die Erschließung neuer, bisher waldfreier Lebensräume so ein Kinderspiel. Die leichte Bauweise hat einen gravierenden Nachteil: Das Korn beinhaltet kaum Reservestoffe in Form von Fett oder Öl, sodass der Keimling sehr bald aus eigener Kraft weiterwachsen muss. Da die bevorzugten Siedlungsstandorte aber frei von Konkurrenz durch andere Baumarten, oft sogar völlig vegetationsfrei sind, können die Winzlinge es schaffen, groß zu werden.

Waldliebende Arten müssen ihrem Nachwuchs schon ein wenig mehr Proviant mit auf die Reise geben. Das Dämmerlicht unter den großen Bäumen reicht kaum aus, um am Leben zu bleiben. Überall dort, wo ein einsamer Sonnenstrahl den Boden erreicht, steht bereits Konkurrenz. Der Energievorrat muss zumindest so lange ausreichen, bis eine funktionsfähige Wurzel und die ersten Blätter gebildet sind, also etliche Monate. Damit sind die Samen zu schwer, als dass sie mittels eines Flaums fliegen könnten. Abhilfe schaffen ausgeklügelte Rotorkonstruktionen, die die kleinen Kraftpakete wie Hubschrauber über viele Hundert Meter tragen können. Vertreter dieses Prinzips sind die meisten Nadelbaumarten, aber auch Laubbäume wie Berg- oder Spitzahorn.

Eichhörnchen vergessen einen Teil ihrer Verstecke wieder.

Ist noch mehr Startenergie erforderlich, so versagen Flugapparate. Eicheln, Bucheckern, Wal- oder Haselnüsse sind einfach zu schwer. Und dennoch gelingt die Reise. Eichelhäher, Eichhörnchen und andere Tiere sind nämlich geradezu wild auf die konzentrierte Nahrung, die einen idealen Wintervorrat darstellt. Sie legen sicherheitshalber Hunderte, manchmal sogar Tausende von Depots (pro Tier!) an, die im Winter bei Schneelage aufgesucht und geleert werden. Während Säugetiere die Samen im Umkreis von wenigen Hundert Metern vergraben, können es bei Vögeln immerhin einige Kilometer sein.

Bei Eichhörnchen ist verbürgt, dass sie einen Teil der Verstecke wieder vergessen. Aus meinem Bürofenster habe ich schon so manches Mal eines der pinselohrigen Tierchen beobachtet, wie es verzweifelt hier und dort die Schneedecke aufwühlt, ohne etwas zu finden. Was für das Eichhörnchen den Hungertod bedeuten kann, ist für die in passender Tiefe ruhenden Samen die Chance, ein Baum zu werden.

Eichelhäher können sich wissenschaftlichen Untersuchungen zufolge über 10 000 Verstecke merken. Natürlich schaffen sie es nicht, alle Vorräte zu vertilgen; das hieraus resultierende Übergewicht ließe sie nicht mehr starten. Ein Teil der Überschüsse ist für die Jungvögel des kommenden Frühjahrs gedacht, die sich ebenfalls an Mamas Eingemachtem bedienen dürfen. Und da man als Vogel nie so ganz genau weiß, wie der Kindersegen ausfallen wird, lagert man eben entsprechend viel ein – sicher ist sicher. Auch hier ist der nicht genutzte Vorrat eine Chance für die eingelagerten Samen.

Durch ihren Dienst, den die Tiere den betroffenen Baumarten bieten, sorgen sie auch für eine Ausbreitung ihrer Nahrungspflanzen und damit für eine bessere Versorgung künftiger Generationen der eigenen Art.

Eines haben die Bäume jedoch nicht auf dem Plan: Wildschweine. Die Rüsseltiere durchwühlen in jedem Herbst den Boden unter den Bäumen in der Hoffnung, sich eine dicke Speckschicht für den Winter anfressen zu können. In Jahren mit reichlich Eicheln und Bucheckern funktioniert dies auch prächtig. Da in früheren Jahrhunderten auch Hausschweine mit dem herbstlichen Segen gemästet wurden, spricht man in Fachkreisen noch heute von »Mastjahren«, wenn Eichen und Buchen üppig fruchten.

Vielfach hört man die Meinung, dass Wildschweine dem Wald mehr nützten als schadeten. Sie wühlten bei der Suche nach den Waldfrüchten den Boden um und grüben nebenbei einen Teil davon ein, sodass das Keimen von Tausenden junger Schösslinge gesichert sei. Das ist leider völlig falsch. Wildschweine haben eine so gute Nase, dass sie fast alle Eicheln und Bucheckern finden – und auffressen. Durch die enorme Massenvermehrung dieser Säugetiere ist der Waldboden im Herbst ratzekahl leer gefegt, und die Mutterbäume warten im kommenden Frühjahr vergebens auf Nachwuchs.

An dieser Massenvermehrung soll der Klimawandel schuld sein, genauer gesagt die milden Winter. Auch seien Eichen und Buchen, durch Umweltstress häufiger fruchtend, ein wichtiger Faktor. Quelle dieser Fehlinformationen sind Jäger, die auf diese Weise den Fokus von der eigentlichen Ursache ablenken. Denn pro zu schießendem Schwein karren sie jährlich 130 Kilogramm Körnermais in den Wald. Kein Wunder, dass mit einer solchen Vollversorgung die Population der Tiere geradezu explodiert. Mit den ausgebrachten Kalorien ließen sich die Borstentiere auch bequem im Stall halten. Draußen in freier Wildbahn hat diese Art der Tierhaltung zur Folge, dass sich Laubbäume mit großen Samen in etlichen Regionen kaum noch natürlich vermehren.

Unsere eigene Lust auf Wildfrüchte hat dagegen ganz andere Auswirkungen. Viele Bäume verpacken ihre Samen absichtlich in attraktive Fruchthüllen – sie fordern geradezu auf, sie zu verspeisen. Dabei gibt es zwei völlig unterschiedliche Strategien. Die althergebrachte, seit Millionen von Jahren bewährt, setzt darauf, dass eine Verbreitung über Exkremente erfolgt. Ein typisches Beispiel ist die Vogelbeere. Der Baum ist im Herbst über und über mit roten Früchten behangen, die durch ihre Signalfarbe gefiederte Gäste zum Festschmaus laden. Stunden später landen die Samen, mit einem kleinen Düngerpaket aus dem Darm des Vogels versehen, einige Kilometer vom Mutterbaum entfernt in der Botanik.

Die andere Strategie ist neuerer Natur: Unsere Obstbäume sind das Ergebnis langwieriger Züchtung. Und weil das Resultat so wundervoll ist, bevorzugen wir diese Pflanzen, setzen sie in Gärten und Plantagen. Man kann es allerdings auch andersherum sehen: Die Obstbäume haben sich evolutionär so an den Menschen angepasst, dass sie einen Vorteil gegenüber den Wildarten erreicht haben. Sie bringen uns dazu, ihnen zu helfen und sie überall gegen andere Bäume zu verteidigen. So konnten sie ihren Siegeszug rund um den Globus antreten.

Botschaften

Das Thema Kommunikation habe ich im Vorwort angeschnitten, aber da es immer mehr an Bedeutung auch für uns Menschen gewinnt, möchte ich es hier noch einmal kurz aufgreifen.

Dass Bäume Duftsignale aussenden, um mit anderen Arten in Kontakt zu treten, haben Sie schon am eigenen Leib erfahren. Die bekannteste Form ist der Duft, den die Blüten der Obstbäume, Linden, Robinien und all der Arten verströmen, die zur Bestäubung auf Insekten angewiesen sind. Denn der Duft bedeutet nichts anderes als der Ruf: »Komm her, hier gibt's leckeren Nektar!«

Viele andere bekannte Signale drehen sich um die Abwehr von Fressfeinden. Wird ein Baum von Borkenkäfern befallen, so fühlt er den Schmerz. Um die Plage wieder loszuwerden, lagert er Abwehrstoffe in die Rinde ein. Dabei denkt er aber nicht nur an sich, sondern lässt seinen Kollegen in der Nachbarschaft eine Warnung zukommen – per Duft. Die so informierten Artgenossen lagern nun ebenfalls Chemikalien ein, und wenn die Käfer sie attackieren, können sie sich sofort wehren. Klar, dass nur Kameraden gewarnt werden, die in der Windrichtung liegen. Denn die chemischen Botschaften wabern wie Nebelschwaden durch die Luft und werden ebenso wie jene mit dem leisesten Hauch davongeweht. Trotzdem sind Bäume dazu in der Lage, sich auch gegen den Wind zu verständigen. Dazu benutzen sie einfach ihr Wurzelwerk. Über Verwachsungen mit den Kabeln des Nachbarn kommen Mitteilungen ungestört an, und nicht nur zu diesen. Bei Buchen wurde festgestellt, dass möglicherweise die Wurzeln aller Exemplare eines Waldes miteinander verwoben sind. Und genau wie Milliarden von Zellen einen Organismus namens Mensch ergeben, so kann den Wissenschaftlern zufolge bei einem Buchenwald von einem Superorganismus gesprochen werden, bei dem alle Bäume für das große Ganze arbeiten.

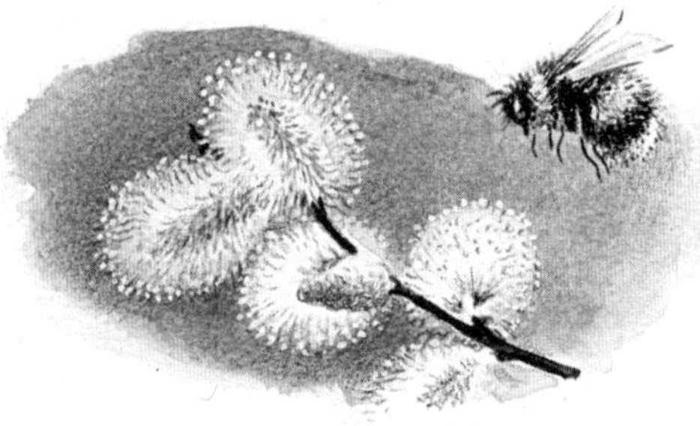

Mit ihren Blütendüften locken die Bäume Insekten an.

Die meisten Signale, die bisher entschlüsselt wurden, drehen sich um die Abwehr von Angreifern. Das hat einen einfachen Grund: Ursache und Folge lassen sich in diesen Fällen eindeutig bestimmen und messen. Insektenattacken kann man unter Laborbedingungen reproduzieren, vieles andere leider nicht. Auf den Menschen übertragen wäre das in etwa so, als wollte ein Fremder eine Sprache lernen, indem er den Einheimischen auf die Füße tritt. Über die ausgestoßenen Schmerz- und Wutschreie ist das wohl kaum möglich, genau an diesem Punkt steht aber die Wissenschaft in Bezug auf die Kommunikation von Bäumen. Wir dürfen also gespannt in die Zukunft blicken und hoffen, dass Methoden entwickelt werden, um auch die »Alltagssprache« der Bäume zu enträtseln.

Wasserhaushalt und Winterschlaf

Egal, ob Nadel- oder Laubbaum, in unseren Breiten ist spätestens im November Feierabend. Dann wirft, wer kann, seine Blätter ab, und alle Bäume bereiten sich auf den großen Schlummer vor. Der Wasserhahn wird abgestellt, und die Fotosynthese bis zum nächsten Frühjahr beendet.

Der Feuchtigkeitsgehalt des Holzes und der Rinde wird, um Frostschäden vorzubeugen, so weit wie möglich reduziert. Im Innersten, dem Kernholz, ist das nicht realisierbar, da es stillgelegt wurde und nicht mehr an biologischen Prozessen teilnimmt. Daher ist hier die Holzfeuchte ganzjährig auf einem niedrigen Stand. Das außen liegende Splintholz, die Wasserleitung des Baumes, enthält während der Vegetationszeit knapp viermal so viel. Je nach Baumalter variiert das insgesamt gespeicherte Nass, da mit steigendem Alter auch der Anteil an inaktivem Kernholz zunimmt.

Im Durchschnitt enthält ein ausgewachsener Baum während der Vegetationszeit 500 bis 1000 Liter Wasser. Diese Menge wird zum Herbst hin halbiert, allerdings wird das Splintholz auch im Winter nie so trocken wie das Kernholz.

Dass immer noch gewaltige Flüssigkeitsmengen im Holz gespeichert sind, können Sie im Verlauf eines Winterspaziergangs im Wald feststellen. Schauen Sie an Frosttagen einmal nach, wo kürzlich Bäume gefällt wurden. An den frischen Baumstümpfen hebt sich das Splintholz augenfällig vom Kernholz ab, weil es durch die gefrorene Flüssigkeit wie ein Eisring aussieht.

Damit wird auch deutlich, wie viel Spannung Holz aushält. Denn trotz der reduzierten Wassermenge frieren in einem Baum ja immer noch 250 bis 500 Liter Wasser und dehnen sich als Eis aus. In besonders kalten Nächten kann es allerdings passieren, dass ein Stamm mit lautem Knall reißt. Dann ist die Ursache in aller Regel ein alter Stammschaden, der durch die Überwallung zu einem ungleichmäßigen Faserverlauf im Holz und damit zu Verspannungen führt, ähnlich dem Narbengewebe beim Menschen.

Während des Frühjahrs ist die Baumrinde extrem empfindlich. Das nasse Splintholz und die feuchte Bastschicht der Rinde machen es dem Kambium schwer, einen Zusammenhalt herzustellen. Daher sind Rindenverletzungen zu dieser Jahreszeit besonders häufig. Fallen sie nicht größer als fünf Zentimeter aus, kann sie der Baum manchmal noch im gleichen Jahr reparieren.

Im Winter ist der Baum allerdings wehrlos, da er ja schläft. Verletzungen können erst im nächsten Frühjahr bearbeitet werden. Durch die Reduzierung des Wassergehalts schrumpft das Gewebe ein wenig, und die Rinde legt sich fest und hart um den Stamm. Großflächige Blessuren sind in dieser Jahreszeit kaum möglich. Welcher der Hauptgrund für die Trockenlegung ist, ob Frostsicherung oder Rindenschutz, muss die Forschung erst noch herausfinden.

Machtkämpfe

In meinem Revier gibt es einen Eichenwald, der vor 140 Jahren gepflanzt wurde. Mittlerweile sind aus den Setzlingen große, prächtige Bäume geworden. Diese werden aber nicht mehr genutzt, denn die Gemeinde hat das Waldstück unter Naturschutz gestellt. Hier läuft, vom Menschen ungestört, ein Drama in Zeitlupe ab: Der Eichenwald wird von Buchen gekapert.

Die Lichtbaumart Eiche geht so verschwenderisch mit Sonnenstrahlen um, dass viele davon den Boden erreichen. Das genügt jungen Buchen, um langsam, aber sicher Meter um Meter an Höhe zu gewinnen. Im Laufe der Jahre schieben sie sich den nichts ahnenden Eichen allmählich in die Kronen, durchwachsen diese und verdunkeln die Eichenblätter. Die Buche als Schattbaumart lässt nur noch drei Prozent des Tageslichts durch ihre Blätter, ein Wert, bei dem die Eiche regelrecht verhungert, da ihre Blattkraftwerke den Dienst versagen. Eine um die andere stirbt ab und macht den Weg für die Invasoren frei.

Forscher haben im Nationalpark Harz die Beobachtung gemacht, dass Buchen sogar im Wurzelraum kämpfen. Sie schieben sich in jeden Spalt, in kleinste Hohlräume unter den Stämmen von anderen Arten. Diese werden so nach und nach von Wasser und Nährstoffen abgeschnitten, sodass sie auch oberirdisch erlahmen. Blätter und Zweige werden nur noch spärlich gebildet; eine Chance, die die Buchen nutzen, um mit ihren Ästen weiter vorzustoßen. Da dies auf den meisten Standorten Mitteleuropas ähnlich abläuft, wäre von Natur aus fast überall Buchenurwald.

Bevor Sie nun aber Mitleid mit den anderen Arten bekommen: Diese verhalten sich genauso, sind aber in unserer Heimat in der Regel unterlegen. Auf Böden, bei denen die Buche Schwierigkeiten bekommt, auf trockenen, steinigen Standorten, wird sie ebenso gnadenlos von Mitbewerbern in die Zange genommen.

Wenn das eigene Wachstum nicht reicht, man zu langsam ist, so verströmt man einfach chemische Kampfstoffe über die Wurzeln, um die Konkurrenz zu behindern. Die Waldkiefer zählt zu diesen aggressiven Artgenossen. Noch unverträglicher ist die Walnuss, die nicht nur über die Wurzeln, sondern auch über das Laub und die Nussschalen Giftstoffe absondert, sodass unter ihr kaum Gras gedeiht, geschweige denn andere Bäume. Möchten Sie einen Nussbaum pflanzen, so sollten Sie ihm ein Gartenareal zuweisen, das er für sich alleine beanspruchen darf.

Tierische Mitbewohner

Bäume sind Ökosysteme ganz eigener Art. Viele Nischen, die sie für die Tierwelt bieten, bleiben dem Betrachter verborgen. So etwa ein spezieller Typ von Feuchtgebiet, der sich in Astgabeln hoch in den Wipfeln bildet. Das Regenwasser bleibt hier in einer Art Minitümpel stehen und ermöglicht es bestimmten Mücken, hier (und nur hier!) ihre Eier abzulegen. Die Larven verbringen die Zeit bis zu ihrem Schlupf im Wasser. Nun sollte man meinen, dass ihnen so hoch oben weniger Gefahr droht. Doch im Laufe der Evolution haben sich einige Käfer darauf spezialisiert, ausschließlich in diesen Kleinstgewässern Jagd auf den Mückennachwuchs zu machen.

Ein weiterer für den Baum harmloser Vertreter ist der Baumschnegel. Diese Schneckenart weidet den Algenrasen auf der Rinde ab und klettert dabei bis in die höchsten Kronen. Auch die Baumschnecke, eine Schnirkelschneckenart mit hübschem Gehäuse, wandert durch die Äste und vergreift sich höchstens einmal an einem Blättchen. Sie ist Nahrungsgrundlage für Singdrosseln, die diese Baumbewohner aufgreifen und immer an denselben Steinen, den sogenannten Drosselschmieden, zertrümmern. Zahllose Schneckenhäuser auf und neben dem Stein verraten dem aufmerksamen Wanderer die Anwesenheit der gefiederten Räuber.

Viele Mitbewohner haben es jedoch auf die Nährstoffe abgesehen. Zucker und Stärke werden in der Bastschicht, der inneren Rinde, von den Blättern zu den Wurzeln geleitet. Was liegt näher, als diesen Strom anzuzapfen? Spezialisten für diesen Nährstoffdiebstahl sind Läuse. Arten mit einem empfindlichen Rüssel bohren die Blätter an, um gleich nach der Fotosynthese die frischen Produkte in den eigenen Magen umzuleiten. Die Nährstoffe gibt es in einem derartigen Übermaß, dass die Tierchen gar nicht alles ausfiltern können. Selbst der Blattlausurin ist noch zuckersüß. Das wiederum machen sich unsere Honigbienen zunutze und bringen die Fäkalien heim in den Bienenstock, um den geschätzten Waldhonig zu produzieren.

Um leichter einstechen zu können, beginnen die Läuse mit ihrer Tätigkeit oft zu Zeiten des Blattaustriebs, wenn das Grün noch schön zart ist. In der Folge verkrüppeln die angezapften Blätter und krümmen sich, da das Entfalten und gleichzeitige Reparieren zu Verspannungen führt. Starker Befall kann vor allem junge Bäume im Wuchs einschränken.

Robustere Arten, wie die Wollschildlaus, können die harte Borke durchstechen und hängen sich direkt am Stamm in den Nährstoffstrom ein. Ihre hellen Wachshaare machen sie leicht sichtbar; es sieht ein wenig so aus, als sei in den Borkenritzen Schimmel vorhanden.

Unmittelbar an der Rinde saugende Insekten sind für den Baum bedrohlicher als ein Anstechen der Blätter. Während nämlich bei diesen im nächsten Jahr die Karten neu gemischt werden, bedeutet ein Befall am Stamm das Risiko von Pilzinfektionen. Der Baum wehrt sich gegen die Plagegeister und bildet im Befallsbereich eine besonders raue Borke. Wird er die Läuse dennoch nicht los, so können sich dauerhaft nässende Wunden bilden. Und dann wird der Baum krank (siehe Kapitel »Der kranke Baum« auf Seite 159).

Schreckgespenst Borkenkäfer

Grundsätzlich kann sich jeder Baum gegen Parasiten wehren. Dies gilt allerdings nur, solange er kerngesund ist. Sind seine Abwehrkräfte dagegen durch Krankheit, Luftschadstoffe oder Dürre geschwächt, so haben Parasiten leichteres Spiel. Der Befall durch die Gruppe der Borkenkäfer ist dafür das Paradebeispiel; anhand der Fichte kann man ihr Wirken besonders gut aufzeigen.

Jede Baumart hat auf sie spezialisierte Nutzer, bei der Fichte sind dies Buchdrucker und Kupferstecher. Ihre Namen erhielten die beiden Insektenarten aufgrund des Fraßbildes in der Rinde. Wenn so ein Buchdrucker der Puppenhülle entschlüpft und sich auf die Reise macht, um eine eigene Familie zu gründen, so schnüffelt er nach kranken Exemplaren. Riechen kann er zwar keine Infektionen, wohl aber harzende Stämme. Und verletzte Bäume können sich nicht mehr richtig wehren. Denn das ist die größte Gefahr für den kleinen Piloten: Wenn er glaubt, den geeigneten Baum gefunden zu haben, so bohrt er sich in die Rinde ein. Ist die Fichte noch wehrhaft, so drückt sie einen Harztropfen in das Einbohrloch, und der Eindringling wird festgeklebt und stirbt. Hat der junge Buchdrucker den Baum jedoch richtig eingeschätzt, ist dieser angeschlagen und kraftlos, so kann der Käfer munter weiterbohren. Und er behält seine Freude über den Volltreffer nicht für sich. Sein Triumphschrei, ausgestoßen in Form einer Duftwolke, verrät seinen Artgenossen, wo es sich ungefährlich siedeln lässt. Flugs eilen darauf Hunderte Buchdrucker zu der angeschlagenen Fichte und bohren sich ebenfalls ein. Sie legen die sogenannte Rammelkammer an (das Wort haben sich die ansonsten eher prüden Wissenschaftler des letzten Jahrhunderts ausgedacht), paaren sich und platzieren Eier in kleine Nischen. Die schlüpfenden Larven fressen sich durch die nahrhafte Bastschicht und verpuppen sich, sodass schon nach sechs Wochen eine neue Käfergeneration das Licht der Welt erblickt. Die Fichte verliert im Befallsbereich ihre komplette Rinde und stirbt.

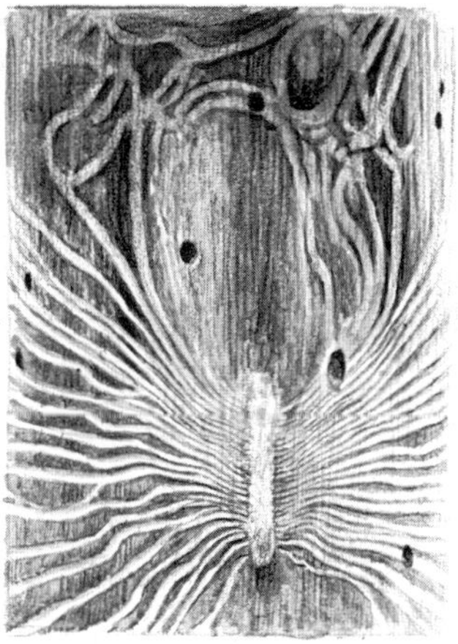

Buchdrucker sind auf kranke Fichten spezialisiert.

Zu den gefürchteten Massenvermehrungen kann es nur kommen, wenn ganze Wälder krank sind. Und dies ist bei der Fichte in unseren Breiten ständig so: Denn sie stammt aus der Taiga, wo es auch in der Vegetationszeit kalt und sehr feucht ist. Hier bei uns, mit warmen, trockenen Sommern, geht ihr regelrecht die Spucke aus, und die Buchdrucker haben leichtes Spiel.

Jeder Baum hat »seine« Borkenkäfer, denen allen eines gemeinsam ist: Sie befallen nur kranke, geschwächte, aber noch lebende (oder frisch gefällte) Bäume. Mit totem Holz können sie rein gar nichts anfangen. Damit ist auch klar, dass von abgestorbenem Holz und den darin siedelnden Insekten niemals eine Gefahr für lebende Bäume ausgehen kann, denn es sind ganz andere Arten, die einen Baumkadaver zerraspeln.

Eine Ausnahme unter den Borkenkäfern ist der Nutzholzbohrer. Er legt im saftigen Splintholz todkranker Exemplare leiterartige Kammern an, in denen er Pilze züchtet. Von diesen ernähren sich seine Larven, die schon nach wenigen Wochen als fertige Käfer ausfliegen.

Viele andere Arten mehr, wie Bockkäfer oder Prachtkäfer, leben ebenfalls von absterbenden Stämmen, einem winzigen Abschnitt im langen Dasein eines Baumes. Das ist auch der Grund für das relativ kurze, nur wenige Wochen dauernde Larvenstadium. Denn während Hirschkäfer oder Eremiten, deren Nachwuchs im Mulm vermodernden Holzes jahrelang und in aller Ruhe frisst, alle Zeit der Welt haben, verändern sich die Bedingungen im kranken, aber noch lebenden Baum rapide. Die Feuchtigkeit geht zurück, und Pilze dringen ein. Noch ehe das Holz ganz trocken ist und die Rinde abplatzt, müssen die jungen Bockkäfer den Aufzuchtort wieder verlassen haben.

Sozialer Wohnungsbau

Bohrlöcher ganz anderer Dimension hacken Spechte in die Stämme. Und entgegen landläufiger Meinung sind es nicht nur kranke Bäume, die für die Anlage des trauten Heimes ausgewählt werden. Gewiss, ist das Holz schon etwas angefault, etwa im Bereich eines dicken, abgestorbenen Astes, so lässt es sich viel leichter werkeln. Dennoch kann man immer wieder beobachten, dass die bunten Vögel auch in völlig gesunden Bäumen eine Höhle zimmern. Und je nach Art nicht nur einmal: Etliche Behausungen werden nur zum Schlafen aufgesucht, manche für das Brutgeschäft, und einige dienen nur der Abwechslung, damit Spechtens auch mal auswärts übernachten können.

Für den Baum sind diese Untermieter problematisch. Die Öffnung des Stamminnern sorgt für einen gefährlichen Luftzutritt an die empfindlichste Stelle des Baumes, das ist das stillgelegte Holz der inneren

Jahresringe. Hier kann sich der Baum gegen die nun eindringenden Pilze nicht mehr wehren, und schon in der frisch angelegten Spechtbehausung beginnt ein Fäulnisprozess, der sich rasch nach oben und unten im Stamm ausbreitet. Durch das bröckelnde Holz wird die Höhle im Laufe der Jahre immer größer, sodass sie dem Specht irgendwann nicht mehr gefällt und er umzieht. Seine Nachmieter sind Fledermäuse, Eulen oder Hohltauben, die selbst gerne in dicken Bäumen wohnen, aber keine Behausungen herausmeißeln können. Noch bleibt der Baum standhaft, auch wenn er innen hohl ist wie ein Ofenrohr. Die äußeren, lebendigen Jahresringe sind stabil genug, um den Baum bei Stürmen vor dem Abbrechen zu bewahren. Fällen brauchen Sie einen hohlen Baum im Garten also nicht in jedem Fall. Ganz im Gegenteil sollten solche Exemplare, so sie denn niemanden gefährden, besser erhalten bleiben. Denn im Inneren bilden sich ganz eigene Ökosysteme, in denen seltene Pilze und Insekten ihr Zuhause finden. Eines ist der Eremit (oder Juchtenkäfer), ein bis zu vier Zentimeter langer, schwarzer Kerl, ähnlich einem überdimensionalen Mistkäfer. Er liebt alle dicken Laubbäume, die innen faulen.

Eremiten sind sehr ortstreu, man könnte auch sagen, faul. Denn sie bleiben ihr Leben lang in der einmal gewählten Baumhöhle, und nicht nur sie: Viele nachfolgende Generationen bewegen sich ebenfalls nicht vom Fleck, sodass ein Baum manchmal länger als 100 Jahre von derselben Sippe bewohnt wird.

Da die Käfer nur äußerst ungern fliegen, und dann oft nur wenige Hundert Meter weit, ist das Beseitigen alter, fauler Bäume eine Katastrophe für die Art. Denn wegen der modernen Vorschriften zur Verkehrssicherung, in Folge die Haftung des Baumbesitzers für entstehende Schäden durch umkippende Bäume, werden leider die meisten für Eremiten geeigneten Exemplare gefällt. Und die wenigen, die noch besiedelt werden können, sind oft viele Kilometer vom nächsten Vorkommen der Käfer entfernt – unerreichbar für die trägen Tiere. Kein Wunder, dass die gemächlichen Krabbeltiere vom Aussterben bedroht sind.

Der Eremit lebt in Baumhöhlen.

Im Porträt: die Kiefer

Das natürliche Vorkommen unserer häufigsten Kiefernart, der Waldkiefer *(Pinus sylvestris)*, deckt sich mit dem der Fichte: es ist der hohe Norden, die Taiga mit ihrem feucht-kalten Klima. Die starke Verbreitung (laut Bundeswaldinventur nach der Fichte die zweithäufigste Baumart) hängt mit ihrem plantagenartigen Anbau vor allem in Nord- und Ostdeutschland zusammen. Und wie der Fichte macht ihr das mitteleuropäische Klima zu schaffen. Winterstürme und Sommertrockenheit führen regelmäßig zum Zusammenbruch ganzer Waldgebiete. Als Gartenbaum kann die Kiefer schon eher punkten: Hier hat sie viel mehr Platz als in den Plantagen und kann zu imposanter Größe heranwachsen. Bis zu 50 Meter Höhe, ein Alter von bis zu 500 Jahren, das ist schon ein Baum für Generationen. Ihr Wurzelwerk ist sehr stabil und dehnt sich oft bis zum doppelten Durchmesser der Krone aus, sodass Stürme kaum eine Chance haben, eine Gartenkiefer zu werfen. Im Extremfall bricht eher die Krone ab, als dass der Baum kippt. Einziger Nachteil, wie auch bei Fichten und Lärchen, ist das stete Tröpfeln von Harz. Eine Gartenbank unter einer Kiefer wird dadurch schnell unattraktiv. Der harzig würzige Duft, den der Baum an heißen Sommertagen verströmt, erinnert an südländische Pinien und damit an Urlaub, sodass der Baum doch den einen oder anderen Liebhaber findet.

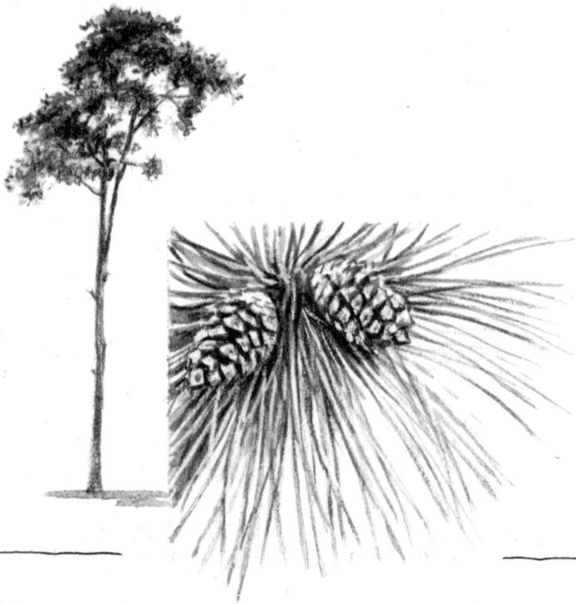

Pflanzliche Untermieter

Warum werden Bäume eigentlich so groß und so alt? Denn Gigantismus, anders kann man den Riesenwuchs dieser Pflanzen nicht bezeichnen, hat ja viele Nachteile. Über den gravierendsten, die langen Abstände zwischen den Generationen und die damit verbundene sehr langsame genetische Anpassungsfähigkeit an Umweltveränderungen, haben wir schon gesprochen.

Es ist das Licht, welches Konkurrenzfaktor Nummer eins bei fast allen Landökosystemen ist. Wer das Licht hat, hat die Macht. Und weil dieses von oben kommt, hat jede Pflanze, die ihren Kopf über die anderen erhebt, gute Karten. Kein Wunder, dass die Arten größer und größer wurden, dass ein Wettlauf um die oberen Stockwerke begann. Den Rekord halten nordamerikanische Douglasien: Sie lassen mit maximalen 130 Metern selbst Mammutbäume hinter sich.

Aber sogar die 50 Meter, die für die meisten heimischen Arten die Obergrenze darstellen, bedeuten einen erheblichen Kraftaufwand. Denn schließlich muss, um solche pflanzlichen Wolkenkratzer standfest zu machen, eine enorme Menge an Biomasse verbaut werden. Und das braucht eben Zeit, manchmal Jahrhunderte. Hinzu kommt die geringe Aussicht, oben mitzumischen: Für ein Samenkorn eines Baumes beträgt die Chance, einmal ein erwachsener Baum zu werden, nur eins zu vielen Millionen. Ist man einer der glücklichen Gewinner der Samenlotterie, so versucht man als Baum, so lange wie möglich am Ruder zu bleiben und sich fleißig zu vermehren.

Was aber ist mit all den übrigen Pflanzen, Sträuchern und Kräutern, die nicht so hoch hinaus können? Sie müssen sich etwas anderes einfallen lassen, um nicht im Dämmerlicht unter den Riesen unterzugehen.

Eine ganze Reihe von ihnen nutzt Bäume als Klettergerüst. So etwa Efeu und Waldrebe, die einfach an den Stämmen emporturnen

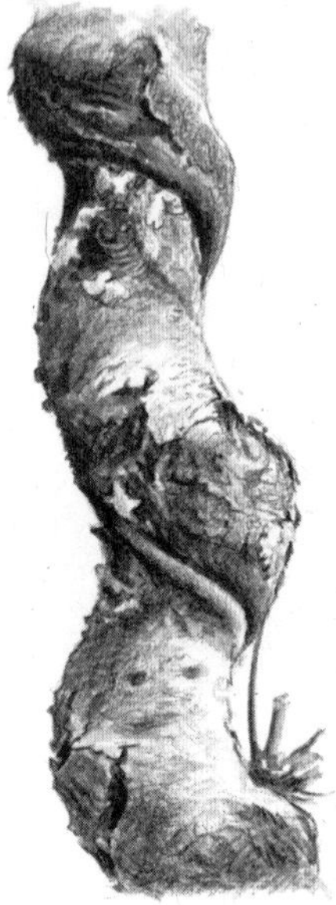

Efeu und Waldrebe nutzen Bäume als Klettergerüst.

und hoch droben in den Baumkronen Energie tanken. Efeupflanzen haben dafür eigens verschiedene Blatttypen entwickelt. Im Stadium des Aufstiegs, wo noch Schatten herrscht, sind die Blätter dreilappig – eben typisch Efeu. Haben es die Ranken allerdings bis in die Baumkronen geschafft, so wird auf eine Art Turbo-Sonnensegel umgestellt. Die Blätter sind heller und ganzrandig, also ohne die charakteristische Lappung. Damit ist auch die Frage geklärt, ob rankende Pflanzen die Bäume schädigen – ja! Denn in dem Augenblick, wo sie hoch oben ihr leistungsfähiges Laub entfalten, nehmen sie ihren Wirtspflanzen Licht weg. Hierdurch werden diese geschwächt, was dem Efeu erlaubt, weiteres Terrain in der Krone zu erobern.

Haben Sie einen Baum im Garten, an dem Kletterpflanzen emporklimmen, so ist dies solange harmlos, wie der Untermieter sich unterhalb der Krone aufhält. Wächst der Kletterer dagegen höher hinauf, so sollten Sie, falls Sie Ihren Baum gesund halten möchten, die Versorgungsleitung unten am Stamm kappen. Diese Kappung kann auch notwendig werden, wenn die Efeuranken zu dick werden. Sie würgen dann den wachsenden Schaft und in ihm die Leitungsbahnen ab, sodass die Versorgung der Krone und der Wurzeln gefährdet wird.

Ein Gast ganz anderer Art ist die Mistel. Für Liebende bietet sie eine schöne Möglichkeit, einen romantischen Kuss unter ihren Zweigen auszutauschen. Für Bäume stellt sich die Situation weniger attraktiv dar. Gleicht der Bewuchs mit Efeu oder Waldrebe einer allzu stürmischen Umarmung, so verübt die Mistel einen regelrechten Raubüberfall.

In die Baumkronen gelangt sie mithilfe von Vögeln, die die weißen Beeren fressen und die Samen über den Kot oder beim Schnabelwetzen auf die Äste bringen. Hier fixiert sich der junge Keimling mit einem

Saugfuß an der Rinde und wartet. Denn er kann nicht mit einer Wurzel in den Ast eindringen, aber das braucht er auch gar nicht. Denn wenn der Baum nun dicker wird, weitere Jahresringe um den Ast legt, so steht ihm der Saugfuß des Mistelbabys im Weg. Und im Laufe der Zeit wird dieser überwallt und wächst in das Holz ein. Gewonnen! Denn ab sofort kann die Mistel sich in den stetigen Strom von Wasser und Nährsalzen einklinken, der durch das Holz in die Krone rauscht.

Eine einzelne Mistel stört einen Baum nicht weiter, doch dabei bleibt es nicht: Pflanze um Pflanze kommt hinzu, sodass der Wasserstrom in die oberen Etagen schwächer wird. Zudem rauben die kleinen Sträucher Licht, was eine zusätzliche Schwächung verursacht. Da sie sich über Fotosynthese selbst ernähren und »nur« den Wasserstrom des Baumes anzapfen, gelten Misteln als Halbschmarotzer. Ein starker Befall kann den Baum so beeinträchtigen, dass dieser abstirbt. Auch die Verwachsungen im Holz, die dem Baum keinen gleichmäßigen Jahresringaufbau mehr erlauben, können zu Schädigungen durch Astabbrüche führen.

Da Misteln warmes Klima lieben, kommen sie bevorzugt im Bereich der Flusstäler vor. Der Klimawandel kann ihre Ausbreitung fördern.

Wenn Sie Misteln schneiden, eröffnen Sie über den Schnitt Pilzen indirekt einen Zugang zum Holz des Baumes. Deshalb ist es besser, Misteln zu ernten, die auf dünneren Zweigen wachsen, und dann gleich den ganzen Zweig abzusägen. Damit ist der Baum den Parasiten los, und der Zweigstummel kann von ihm in Ruhe abgeschottet und überwallt werden.

Nordamerikanische Kiefern werden steinalt. In der heißen Sonne des Südwestens wachsen sie nur wenige Millimeter pro Jahr.

Nach dem Alter gefragt

Bei Bäumen ist eine Altersschätzung sehr einfach – wenn sie gefällt sind. Dann braucht man am Stammfuß nur die Jahresringe auszuzählen, und schon ist das Geheimnis gelüftet. Die Ringe entstehen infolge des Wechsels der Jahreszeiten. Im Frühjahr wächst zunächst lockeres Holz nach, gekennzeichnet durch große Zellen mit dünnen Wänden. Diese Zone wirkt optisch hell. Später im Sommer wird das Holz zunehmend dichter, die Zellen werden kleiner und erhalten dickere Wände. Dies ist der dunkle Teil eines Jahresrings.

In diesen Ringen ist die Geschichte eines Baums gespeichert: So lassen sich Trockenjahre ablesen (sehr dünne Ringe), besonders kühle, regenreiche Jahre (breite Ringe) oder auch Insektenbefall und Krankheit (mehrere dünne Ringe hintereinander). Da diese Ereignisse oft alle Exemplare einer Region und Art betreffen, bilden diese ein synchrones Muster im Holz. Die Lebensspanne von Bäumen verschiedener Generationen überlappt sich meist über Jahrzehnte, sodass eine Reihung von Jahresringschwankungen über Jahrtausende zurück angelegt werden kann. Mithilfe einer entsprechenden Datenbank können Wissenschaftler Holzgegenstände sowohl einer Region als auch einer Zeitepoche zuordnen. Dendrochronologie (griech. *dendron* = Baum, *chronos* = Zeit) nennt sich dieser Forschungszweig.

Für Ihren Gartenbaum oder Ihren Lieblingsbaum im Wald nützt das alles recht wenig, ist eine Jahresringzählung doch nur beim gefällten, toten Exemplar möglich. Es gibt jedoch noch andere Methoden.

Nadelbäume zieren sich bei der Preisgabe ihres Alters nicht, sie sind zumindest in den ersten 50 Jahren recht auskunftswillig. In jedem Frühjahr bildet der Baum einen neuen Höhentrieb. Gleichzeitig wachsen sternförmig an der Basis dieses Triebs neue Seitenäste, gleich einem Quirl (Küchenquirle wurden früher aus solchen Trieben plus

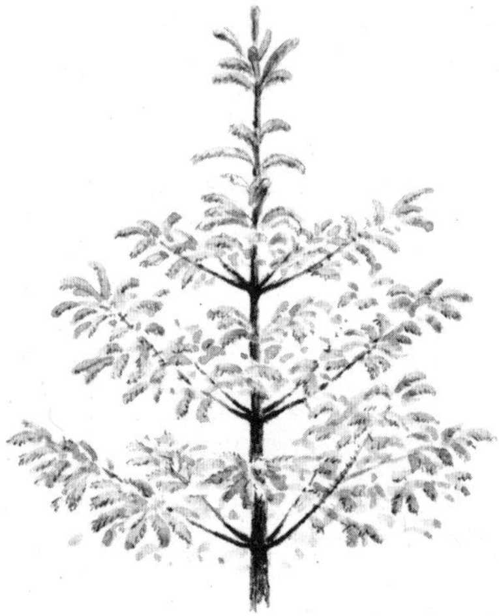

In jedem Frühjahr bildet der Nadelbaum einen neuen Astquirl.

Seitenästen geschnitzt!). Jedes Jahr kommt ein derartiges Stockwerk hinzu, sodass man nur diese Etagen plus den obersten Trieb zählen muss, um auf das genaue Alter zu kommen.

Ist der Baum aber älter als rund 50 Jahre, so verwischen die unteren Astquirle immer mehr, da die Äste abfallen und die Stümpfe vom Stamm überwachsen werden. Zur ungefähren Ermittlung der Jahreszahl kann man sich folgendermaßen behelfen: Man zählt von der Spitze her alle Quirle herunter bis zu dem Punkt, wo sie nicht mehr eindeutig zu identifizieren sind. Diese Strecke schätzt man ab, beispielsweise die halbe Baumlänge. Das gezählte Ergebnis der oberen Hälfte muss nur noch verdoppelt werden, um eine relativ genaue Schätzung des Gesamtalters zu erhalten. Dies gilt allerdings nur für Garten- oder Parkbäume, die über die gesamte Lebensspanne stets Licht in Hülle und Fülle hatten. Im Kapitel »Bäume in Freiheit« auf Seite 15 haben wir erfahren, dass der Nachwuchs viele Jahrzehnte unter den Altbäumen warten muss. In dieser Zeit wächst er nicht nennenswert, sodass die vorgenannte Schätzmethode bei Waldbäumen oft eine zu geringe Zahl von Jahren ergibt. Dies betrifft jedoch nur etwa fünf Prozent aller Exemplare; denn da die meisten Wälder Mitteleuropas gepflanzt wurden (und zwar auf Kahlschlägen, also ohne Mutterbäume), entfiel deren jugendliche Wartezeit.

Laubbäume zieren sich schon deutlich mehr, wenn Sie nach dem Alter fragen. Der ordentlich systematische Aufbau der Koniferen ist ihnen fremd, und nur bei gründlicher, akribischer Überprüfung sind sie bereit, wenigstens einen groben Anhaltspunkt über ihre Lebensdauer herauszurücken. Dazu müssen wir uns die Äste genauer betrachten. Jedes Jahr werden diese, analog zu den Nadelbäumen, etwas länger. Und wie bei den Jahresringen kann man den Übergang zwischen zwei

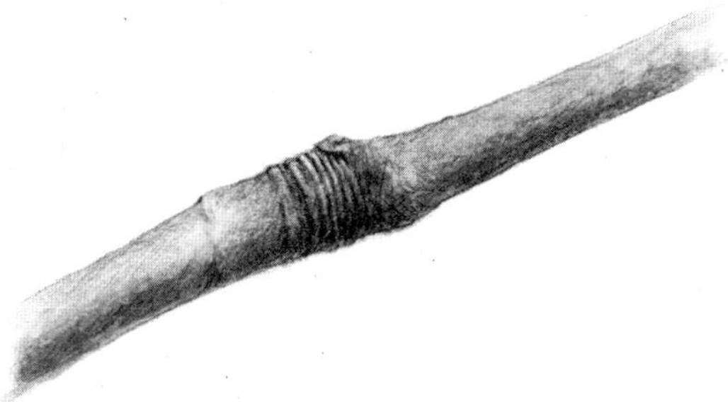

Bei der Buche ist der Übergang zwischen zwei Vegetationsperioden gut zu erkennen.

Vegetationsperioden erkennen. Zum einen wechseln viele Arten jedes Jahr die Wuchsrichtung um wenige Grade, sodass der Ast einen leichten Knick bekommt. Leider ist dies nicht immer eindeutig; einzelne Exemplare lassen die Äste auch schön gerade wachsen. Zum anderen bildet sich ein winziger Ring an der Übergangsstelle. Bei einigen Arten wie der Buche ist es nicht nur ein Ring, sondern ein kleiner Stapel, der wie gefaltete Rinde aussieht.

Will man nun das Alter des Baums einschätzen, so beginnt man nicht, wie bei den Nadelbäumen, von der Spitze her. Vielmehr zählt man die Jahre von dem tiefsten, noch lebenden Ast, angefangen vom jüngsten Trieb her so weit zurück, wie es noch einigermaßen zu erkennen ist. Den Rest schätzt man entsprechend der verbleibenden Länge; vergessen Sie nicht, noch einen Aufschlag für die Stammlänge unterhalb des Astes hinzuzuzählen.

Wenn Bäume altern, setzen sie das sprichwörtliche Moos an. Beginnend am Stammfuß, wandert es gemächlich mit der Zeit stetig weiter in die Höhe. Der Grund: Mit der Zahl der Jahre werden auch die Rindenfurchen immer tiefer, sodass sich dort ablaufendes Regenwasser besser halten kann. Das wiederum ist für Moos die Lebensgrundlage. Den Baum benötigt es nur zum Festhalten, es könnte genauso gut ein Stein sein, der den grünen Polstern als Unterlage dient. Die wenigen Nährstoffe, die Moos zum Leben braucht, entnimmt es aus dem Niederschlag, welcher zuvor die Luft von Schwebepartikeln gereinigt hat.

Da der Stamm unten am dicksten ist, sind die Rindenfurchen hier auch am tiefsten. Mit zunehmendem Alter und wachsendem Durchmesser wächst die Zone dieser Falten immer weiter den Baum hinauf. Und mit ihr das Moos. Bei grobrindigen Arten wie Eiche oder Birke erreicht es den ersten Höhenmeter im Baumalter von 70 Jahren, bei glattrindigen wie der Buche um das Alter von 200 Jahren. Das sind allerdings nur grobe Werte, die individuell unterschiedlich ausfallen können, genau wie bei uns Menschen die Faltenbildung bei jedem anders zuschlägt. Achten Sie dennoch einmal auf den Moosbesatz von Waldbäumen, wenn Sie das nächste Mal spazieren gehen. Ein hoher Bewuchs (vom Boden zwei oder mehr Meter den Stamm hinauf) an vielen Exemplaren deutet immer auf alte und damit ökologisch besonders wertvolle Baumbestände hin.

Der alte Baum

Bei uns Menschen ist das Höhenwachstum nach der Pubertät abgeschlossen, nach dem 20. Lebensjahr kommt kaum noch ein Zentimeter hinzu. Ganz im Gegenteil: Durch die buchstäbliche Last der Jahre drücken sich die Bandscheiben meist zusammen, und so geht es ab der Lebensmitte mit der Körpergröße leicht bergab.

Bäume gönnen sich keine Pause. Sie wachsen ihr Leben lang weiter, allerdings mit abnehmendem Tempo. Ist die stürmische Jugendphase vorüber, hat der Baum seine arteigene Größe erreicht und baut sich eine majestätische Krone, dann gehen die Höhenzuwächse schrittweise zurück. Waren es je nach Art in den ersten Jahrzehnten 50 Zentimeter und mehr pro Jahr wächst ein alter Baum nur noch zehn oder weniger Zentimeter himmelwärts. Und dieser mickrige Trieb, Wind und Wetter besonders stark ausgesetzt, wird oft beschädigt, sodass sich im nächsten Jahr ein Nachbartrieb daranmacht, nach oben zu wachsen. Das kann so weit führen, dass der Baum höhenmäßig auf der Stelle tritt.

Von Weitem können Sie dies speziell bei Nadelbäumen gut erkennen, deren einst spitz zulaufende Krone nun immer flacher wird. Bei alten Tannen ist dies besonders ausgeprägt, wegen ihrer Form spricht man von der »Storchennestkrone«.

Im Gegensatz zur Höhe nimmt der Umfang des Stammes ungebremst weiter zu. Wie Speckringe legt sich ein Jahresring über den nächsten. Im hohen Alter bedeutet jeder Ring überproportional viel

Bei alten Tannen werden die zuvor spitz zulaufenden Kronen immer flacher.

Holz und Biomasse. Denn anders als in der Jugend ist der Durchmesser erheblich größer.

Und nicht nur der Stamm geht in die Breite: Auch die Äste legen laufend zu. Während der Kronenausbau nur noch zögerlich vonstattengeht, schwillt die Biomasse unaufhörlich weiter an. Bis dem Baum eines Tages die Puste ausgeht. Die Blätter können nicht mehr ausreichend Zucker liefern, die Wurzeln nicht genug Wasser und Mineralien hinaufpumpen; der mächtige Körper verlangt einfach zu viel.

Das Nachlassen der Vitalität kann am Rückgang der Nadel- oder Blattgröße beobachtet werden. Zudem sterben immer mehr dünne Zweige in der oberen Krone ab, die dann mit dem nächsten Sturm fortgeweht werden. Da sich dieses Spiel laufend wiederholt, schrumpft der Baum allmählich. Und wird dadurch noch mehr geschwächt.

Auf dieses Schwächeln haben Insekten und Pilze nur gewartet: Sie stürzen sich auf ein besonders anfälliges Stück des Stamms, vielleicht eine alte Verletzung, die nicht richtig ausheilte. Die Abwehrreaktionen des Baums kommen nur noch verhalten; oft scheint es so, als gäbe er eine Hälfte des Schaftes bewusst auf, um mehr Kraft für den verbleibenden Teil zu haben. Die aufgegebene Hälfte liegt in vielen Fällen auf der Nordseite des Stamms; möglicherweise haben Pilze hier bessere Chancen, da dieser Bereich von der Sonne nicht getrocknet wird.

Die Pilze verkünden ihren Siegeszug mit ihren Fruchtkörpern, die entweder büschelförmig im Herbst erscheinen oder ganzjährig als halbtellerförmige Gebilde am Holz kleben.

Der Baum kann mit der verbliebenen, halbwegs gesunden Hälfte oft noch jahrzehntelang weiterleben. Dabei verliert er jedoch immer weiter an Boden, wird langsam schwächer und schwächer.

Die im Schaft hinaufkriechenden Pilzfäden zersetzen das Holz und bringen in der Folge die Statik ins Wanken. Der nächste starke Sturm setzt an den faulen Stellen an und bricht entweder Kronenteile oder gleich den ganzen Stamm ab.

Damit geben Bäume aber noch lange nicht auf. Ich kenne eine mächtige, alte Buche, der ein Orkan schon vor rund 25 Jahren die Krone in zehn Meter Höhe abbrach. Pilze hatten den 50 Zentimeter dicken Stamm so weit zerstört, dass nur noch eine schmale, etwa fünf Zentimeter breite Rindenbrücke von den Wurzeln bis zu den drei verbliebenen Ästen hinauf führte. Und trotz trockener Sommer ließ sich der Baum bisher nicht kleinkriegen; in dem Moment, in dem ich diese Zeilen schreibe, lebt er immer noch.

Und sollte es eines Tages endgültig aus sein, so wird der mächtige Körper Heimstatt für Tausende Arten an Kleinstlebewesen, er wird ein regelrechtes Mutterschiff der Biodiversität. Der durch die neuen Bewohner entstehende Humus ist Nährstofflieferant für die nächste Baumgeneration; zudem verbleibt ein großer Teil des im Holz enthaltenen Kohlenstoffs dauerhaft im Boden und erspart der Luft somit Treibhausgase.

Ganz rührend ist es, wenn ein Partner eines eng verbundenen Baumpaares stirbt. Denn dann sorgt der verbliebene Baum weiter für den Stumpf, in dem sich manchmal noch Leben regt. Zarte Wurzelbande senden Zucker und Nährstoffe hinüber, sodass der kümmerliche Rest des einstigen Baumes bis zu 200 Jahre überleben kann. Schauen Sie beim nächsten Waldspaziergang in einem alten Laubwald einmal genauer hin: Was den Anschein bemooster Steine erweckt, ist manchmal ein winziger, lebendiger Rest eines einst mächtigen Stumpfes. Und ganz selten geschieht ein kleines Wunder: Nach endloser Zeit der Hoffnungslosigkeit, in der der Partnerbaum treu sorgend Nährstoffe abgegeben hat, treibt aus einem schlafenden Auge ein junger Schössling. Aus dem Stumpf wird wieder ein Baum, streng genommen ist es sogar der alte, der nun zu neuer Blüte heranwächst.

Altersrekorde

Das Höchstalter der Bäume hängt nicht nur von der Art, sondern auch von der Haltung ab. Während Tiere in Gefangenschaft älter als in der Natur werden, weil Tierarzt und stets optimales Futter bereitstehen, ist es bei Bäumen genau umgekehrt. Fehlen ihnen die Eltern, ist der Boden kein heimeliges Waldgefüge, so sinkt die Lebensdauer rapide. Trotzdem können auch Waldbäume im Garten mehrere Hundert Jahre alt werden.

Für eine Gruppe spielt es keine Rolle, ob sie hinter unseren Häusern oder in der Natur stehen: Die Lichtbaumarten (die Nestflüchter), beispielsweise Weiden oder Birken, verzichten auf Mutterbäume und den Wald, sie sind von vornherein auf sich allein gestellt und gedeihen daher auch in Gärten und Parks bestens. Alt werden sie allerdings so oder so nicht. Mit 100 bis 150 Jahren ist Schluss. Das ist bei Arten der geschlossenen Wälder anders. Ihr Leben ist auf Langsamkeit ausgerichtet, das Höchstalter liegt dementsprechend um die 500 Jahre.

Die berühmten tausendjährigen Bäume, gern in Prospekten als Touristenattraktion aufgeführt, sind meist nur halb so alt. Aber wer kann das als Laie schon so genau überprüfen?

Um wirklich alte Exemplare zu sehen, müssen Sie verreisen. Bis vor Kurzem galten einige nordamerikanischen Grannenkiefern als älteste Pflanzen der Welt. In der heißen Sonne des Südwestens wachsen sie nur wenige Millimeter pro Jahr. Mit einem Höchstalter von über

5000 Jahren hatten sie einen Stammplatz im »Guinness Buch der Rekorde«. Von dort wurden sie nun verdrängt. Und zwar ausgerechnet von einer Fichte. Sie mickerte in der schwedischen Provinz Dalarna vor sich hin und wurde lange übersehen. Bis Forscher Holzproben aus dem Wurzelbereich genauer untersuchten. Zu ihrer Verblüffung stellten sie fest, dass das Bäumchen schon unglaubliche 9550 Jahre alt ist. Damit muss es unmittelbar nach der letzten Eiszeit gekeimt und aufgewachsen sein. Man schätzt, dass es in dieser Region etwa 20 weitere Bäume mit einem Alter über 8000 Jahre gibt.

Der tote Baum

Irgendwann ist für jeden Schluss, auch für Bäume. Das hohe Alter, welches viele Arten erreichen können, bringt nicht nur Vorteile. Wir erinnern uns: Je länger eine Art lebt, umso größer der Abstand zwischen den Generationen und desto langsamer die Anpassung an neue Umweltbedingungen. Dass die Elterngeneration abtritt, liegt nicht nur an Verschleißerscheinungen, sondern ist ein vorprogrammiertes »Platzmachen« für den Nachwuchs. Bei uns Menschen sind es die sogenannten Telomere an den Enden der Chromosomen, die unsere Lebensspanne maßgeblich bestimmen: Bei jeder Zellteilung werden diese Abschnitte ein Stück kürzer, bis sie aufgebraucht sind. Weitere Teilungen sind nicht mehr störungsfrei möglich, und damit auch keine Reparaturen des Organismus, woraufhin dieser stirbt.

Der Tod macht Platz für die nächste Generation, und all die hoch entwickelten medizinischen Erfindungen können diese biologische Uhr (Gott sei Dank) nicht umprogrammieren. Sonst gäbe es eines Tages auf unserem Planeten nur noch Stehplätze.

Bei Bäumen ist es ähnlich: Werden bestimmte Dimensionen überschritten, so setzt von innen eine Fäulnis ein, die immer rascher voranschreitet und irgendwann das außen neu gebildete Gewebe einholt. Das Laub fällt, die Äste verdorren, die Party ist zu Ende. Der unter den Mutterbäumen seit vielen Jahrzehnten sehnsüchtig wartende Nachwuchs dankt den plötzlichen Lichteinfall durch ein rasantes Wachstum, denn jetzt gilt es, den frei werdenden Platz für sich zu erobern.

Der tote Riese hat aber noch nicht ausgedient. Er hat im Laufe seines Lebens etliche Nährstoffe aus großer Tiefe emporgefördert, die er nun schrittweise mit seinem Zerfall an die Baumkinder abgibt.

Das gesamte Ökosystem Wald profitiert von den verrottenden Stämmen. Tausende von Insekten- und Pilzarten machen sich über

das Holz her, und auch wenn noch viele Vorgänge nicht verstanden sind, weiß man, dass die Stabilität und Gesundheit der Bäume von der Artenvielfalt abhängt. Das mag ein kleines Beispiel verdeutlichen:

Totholzreiche Wälder beherbergen allerlei Vogelarten, darunter auch Spechte. Diese können sich durch das große Nahrungsangebot dauerhaft halten, denn das zerfallende Holz bietet Insektenlarven in Hülle und Fülle. Ganz nebenbei und als besonderen Service befreien die gefiederten Zimmerleute auch lebende Stämme von Parasiten, ähnlich den Madenhackern, die in Afrika auf Nashörnern und Elefanten zu Diensten sind. Gäbe es das Totholz nicht, so würde kaum je ein Specht die Bäume inspizieren, die dann mit einer Attacke allein fertig werden müssten.

Selbst vom Sturm geworfene Exemplare verbessern die Bedingungen für ihren Nachwuchs, indem sie das Erdreich tiefgründig lockern und so besser durchwurzelbar machen. Denn im Fallen reißen sie mit dem hochklappenden Wurzelteller Erde nach oben, die im Laufe der kommenden Jahre durch Regen und Frosteinwirkung schön feinkrümelig wieder zu Boden bröselt. In diesem krümeligen Substrat fühlen sich die empfindlichen Wurzeln der Sämlinge besonders wohl. Nach Jahrhunderten, der alte Baum ist längst verrottet, zeugt nur noch ein kleiner, ovaler Erdhügel von dem Ereignis.

Speziell für Urwälder ist dieses Wechselspiel von Mulden und Hügelchen typisch, welches über viele Baumgenerationen entsteht und allmählich den gesamten Boden überzieht.

Der Baum bei uns zuhause

Viele Dinge gelten gleichermaßen für Garten, Park oder Wald. Überall dort, wo nicht waldtypisches Kleinklima vorzufinden ist, wachsen die Bäume generell anders. Und das ist speziell in Gärten, aber auch in Parks mit großen Baumabständen der Fall. Hier herrscht für Bäume Freilandklima. Die Sonne wärmt den Boden viel stärker, trocknet ihn aber auch schneller aus als in dunklen, dichten Wäldern. Der Wind kann wie ein Fön unter dem Baum herfahren und wirbelt im Herbst die Blätter und Nadeln davon, die ansonsten, ähnlich einem Komposthaufen, das Erdreich und damit auch die Wurzeln wärmen. Unser Ordnungssinn verlangt in vielen Fällen danach, den Rasen von der herabgefallenen Pracht zu befreien. Auch ich bin so ein Typ, möchte nicht mit ansehen, wie unsere Grasfläche im Garten von dem mulchartig wirkenden Blattsegen zu einer braunen Matschschicht verwandelt wird. Wenigstens auf einem Teil der Fläche reche ich alles zusammen, wobei ich die Streu anschließend zu Füßen der angrenzenden Bäume verteile. Zumindest die Exemplare, welche auf dem Rasen stehen, leiden jedoch etwas unter Humusmangel. Humuskomplexe, auf gut Deutsch Regenwurmkot, sind nebenbei der wichtigste Wasserspeicher des Bodens, sodass meine Aktivität den Wassermangel für die Bäume noch ein wenig verschärft.

Das ist aber noch nicht alles, was ein moderner Garten an Stress zu bieten hat.

Im Porträt: der Apfelbaum

Unser Kulturapfel *(Malus)* stammt vom Wildapfel ab. Welche der vielen Arten, ob asiatisch oder europäisch, die Ursprungsform ist, konnte noch nicht bis ins Detail geklärt werden. Dennoch hat wohl der heimische (wilde) Holzapfel *(Malus sylvestris)* einen gewissen genetischen Anteil an den Zuchtsorten. Um unsere Apfelbäume im Garten besser verstehen zu können, werfen wir einen Blick auf die Wildform.

Der Holzapfel ist ein typischer Vertreter von Waldrändern und Steppen. Das zeigen seine dornig auslaufenden Seitenäste, mit denen er sich gegen Pflanzenfresser zur Wehr setzen kann. Durch seine geringe Maximalgröße, die bei 10 bis 15 Metern liegt, kann er in geschlossenen Wäldern nicht mit Buche, Eiche oder Fichte mithalten. Stattdessen wächst der Apfel gerne in der Nähe von Flüssen und Bächen, in sonnigen Gebüschen oder auf grasbedeckter Flur. Dumm nur, dass gerade diese Standorte auch von uns Menschen sehr geschätzt werden, sodass der Holzapfel schon fast verschwunden ist. Oder sogar ganz: Denn über die Pollen unserer Kultursorten, den fleißige Bienen auch auf die Wildbäume übertragen, ist es zu einer Mischung der Gene gekommen. Daher gibt es möglicherweise keine reinrassigen Holzäpfel mehr. Ein Schicksal, welches die Wildbirnen mit ihnen teilen.

Eine Baumart kann nie ganz isoliert für sich betrachtet werden, denn zu ihr gehört immer ein Gefolge von Insekten, Pilzen und Bakterien, viele davon bis heute schlecht oder gar nicht erforscht. Und für dieses Gefolge können Sie etwas tun, denn den Winzlingen ist es höchstwahrscheinlich egal, ob sie auf, in oder unter Holzäpfeln oder seinen zahlreichen Kulturformen leben. Auch wenn in einem Apfelbaum nur noch ein schwacher Nachhall der wilden Urform nachklingt, so ist dennoch jedes Exemplar, egal ob Boskoop, Jonagold oder Winterrambur, eine kleine Rettungsinsel für spezielle Lebensgemeinschaften.

Die Pflanzung

Blicken wir in die Jugend eines zivilisierten Baums zurück, so beginnt er sein Leben in einer Baumschule. Dort muss es, Zeit ist schließlich Geld, schnell gehen. Vom Samen zur verkaufsfertigen Pflanze müssen zwei, drei Jahre reichen. Also werden die Pflänzchen voll Dünger gepumpt, ähneln einem tricksenden Sportler, und sind durch diese Mineraliendusche regelrecht gedopt. Und was bei jenem die Muskeln, sind bei den Setzlingen lange, kraftstrotzende Triebe. Hand aufs Herz: Würden Sie, vor die Wahl gestellt, von zwei gleich alten Pflanzen nicht auch die größere wählen?

Die Baumschule steht aber noch vor einem weiteren Problem. Jeder Baum wächst zunächst mit seiner Wurzel kräftig in die Tiefe, bevor er oberirdisch an Höhe zulegt. Zugleich mit dem Höhenwachstum des Stamms gehen die Wurzeln dann auch noch in die Breite, mindestens so viel, wie die Kronenausdehnung beträgt. Kaufen Sie also etwa einen Apfelhochstamm, so würde allein der Wurzelballen mehr Platz beanspruchen, als der Kofferraum eines PKW Raum bietet. Derartig sperrig kann man Bäume nicht vermarkten. Und da das Auge nunmal mitkauft, ist die Antwort auf die Frage, wo denn nun etwas abgeschnitten werden kann, ganz einfach: an den Wurzeln. Dazu wird in der Baumschule jede Pflanze einmal im Jahr ausgehoben und (meist maschinell) beschnitten, sodass sich die Wurzel dicht unter dem Stamm fein verzweigt und entsprechend viele der wichtigen feinen Ausläufer bildet. Nur mit diesen kann der Baum trinken. Macht man das über einige Jahre, so bekommt der Baum einen kompakten, aber kleinen Wurzelballen, der bestens in einen Topf passt. Da bröselt und bröckelt beim Transport nach Hause wenig, und das auszuhebende Pflanzloch hält sich größenmäßig auch im Rahmen. Alle sind zufrieden – bis auf den Baum. Er ist über diese Behandlung ein rechter Wackelkandidat geworden und muss mit Pfählen über einige Jahre gestützt werden.

Bei der Pflanzung an den endgültigen Standort kommt es auf ein wenig Feingefühl an. Denn werden die Wurzeln jetzt verbogen, so behalten sie die Richtung bei. Speziell bei wurzelnackten Pflanzen, also ohne Erdballen, besteht dieses Risiko. Folge einer einseitigen Quetschung ist ein entsprechend einseitiger Wuchs, der einen instabilen Baum zur Folge hat. Oft zeigt erst ein kräftiger Sturm nach Jahrzehnten, wo bei der Pflanzung geschludert wurde. Breiten Sie also die Wurzeln so aus, wie die natürliche Wuchsrichtung ist, und bröseln Sie feinkrümelige Erde dazwischen, bevor Sie das Pflanzloch auffüllen. Je mehr Zeit Sie sich hierbei lassen, je sorgfältiger die Wurzeln behandelt werden, desto besser kann der Baum anwachsen und sich verankern.

Eines kann man aber auch mit noch so viel Feingefühl nicht mehr beheben: Einmal beschnitten, geht die Wurzel nicht mehr in die Tiefe, sondern verweilt in den oberen 30 bis 40 Zentimetern. Sollten Sie also die Wahl haben, so ist das Heranziehen eines Baums direkt aus dem Samen an Ort und Stelle die beste Variante. Soll es ein veredelter Baum aus dem Gartencenter sein, so gilt die Devise: je kleiner, desto besser! Denn den kleinen Exemplaren lässt man, gemessen an ihrer Sprosslänge, prozentual viel mehr Wurzeln. Zudem fällt ihnen das Anwachsen deutlich leichter, sodass die Ausfallrate entsprechend gering ist. Ich weiß, wie schön es ist, direkt ein Bäumchen auszupflanzen, welches auch schon nach etwas aussieht. Nur Geduld! Die Kleinen danken es mit einem rascheren Wuchs und haben die großen Kollegen in der Regel nach fünf Jahren wieder eingeholt, sind dann sogar gesünder und standfester.

Der Keller

Nun steht er also, der neue Baum. Und tastet sich mit seinen Wurzeln durch den Boden. Im Wald ist dieser locker und leicht, gut durchlüftet und temperiert, stets angenehm feucht, aber ohne aufgestaute Nässe, und bietet immer ausreichend Nährstoffe. Der Garten dagegen ist in erster Linie Refugium für uns Menschen. Und mit einem Gewicht zwischen 50 und 150 Kilogramm verdichten wir bei unseren Gängen über den Rasen das krümelige Gefüge zu einer brettharten Masse. Häufig liegen Baugebiete auch auf ehemals landwirtschaftlichen Böden, die infolge der maschinellen Bearbeitung, aber auch durch das Pflügen mit Pferden oder Kühen in längst vergangenen Zeiten Verdichtungsschichten aufweisen. Je nach Ausprägung und Bodenart wirkt dieses festgestampfte Erdreich wie eine Sperre, durch die weder Wasser noch Luft dringen kann. Und Wurzeln damit auch nicht, da die meisten Baumarten mit Sauerstoffmangel im Untergeschoss nicht leben können. Sie erkennen derartige Böden daran, dass nach besonders starken Regenfällen das Wasser für etliche Stunden oder sogar Tage auf der Fläche Pfützen bildet.

Was bleibt zu tun, wenn Ihr Garten eine solche Problemzone ist? Geht es um einen Schattenspender, einen Baum, der zu imposanter Größe heranwachsen soll, so empfehlen sich Eiche oder Weißtanne. Diese Baumarten gelten in Bezug auf problematische Böden als unempfindlich und stoßen mit ihren Wurzeln auch in sauerstoffarme Zonen vor. Stürme können den beiden Arten dadurch wenig anhaben.

Sollen es andere Bäume sein, beispielsweise Kirschen oder Birnen, so können Sie zumindest dafür sorgen, dass diese ein kräftiges Wurzelwerk aufbauen, welches sehr weit in die Breite geht und damit die fehlende Tiefe ausgleicht. Die guten alten Baumscheiben, angelegt um jeden Stamm mit mindestens dem Radius der Kronen, sind eine solche Maßnahme. Schön mit Kompost belegt, schaffen sie eine humusreiche Schicht, die das Wasser hält und Nährstoffe bereitstellt. Ganz wie im Urwald. Sie können die Wurzeln noch ein wenig weiter locken, indem Sie die Scheibe noch größer machen, als die Krone breit ist (siehe Kapitel »Die Wurzeln« auf Seite 29).

Eine zusätzliche Gefahr des Gartens wird mithilfe der Kompostringe gemildert: Wühlmäuse. Im Wald haben die kleinen Nager eine ganz geringe Verbreitungsdichte, da es im Dämmerlicht kaum Bodenvegetation und damit kaum Nahrung gibt. Durch den fehlenden Bewuchs ist das Leben dort auch sehr riskant; so kann ein Waldkauz eine sitzende Maus schon aus großer Distanz sehen und rasch erbeuten.

Im Gras können sich Mäuse gut verstecken.

Im Garten mit seiner Mini-Prärie ist das ganz anders. Das mag der alte Förster-Spruch verdeutlichen: »Licht – Gras – Maus – aus«. Wo viel Licht, da gibt es viel Gras, in dem sich Mäuse prima verstecken können, die die ins Gras gepflanzten Bäumchen abfressen. Und der Garten mit seinen frisch aus dem Baumarkt erworbenen Pflanzen ist ein Schlaraffenland. Die Wurzeln von Obstbäumen oder Heckenpflanzen, vollgepumpt mit Nitratdünger, schmecken den Nagern so gut wie saftige Karotten. Groß ist die Enttäuschung, wenn die Neuerwerbung im Frühjahr nicht austreibt und das Bäumchen bei einem sanften Zug am Trieb mühelos aus dem Boden gleitet. Wo die Wurzeln sein sollten, ist lediglich ein biberartig benagter Stumpf übrig geblieben.

Machen Sie es den Plagegeistern also schwer und deren Fressfeinden leicht. Ein kurz gemähter Rasen, große (vegetationsfreie) Baumscheiben, das passt den Mäusen nicht. Das gibt dem Baum den nötigen Vorsprung, um die ersten gefährlichen Jahre zu überstehen.

Überfüllt

Einige absterbende Bäume im Garten müssten eigentlich folgende Hinweistafel tragen: Wegen Überfüllung geschlossen. Leider handelt es sich dabei nicht um ein florierendes Unternehmen, ganz im Gegenteil. Aber der Reihe nach.

So mancher Gartenbesitzer legt eine neue Terrasse an, baut einen Pool oder terrassiert eine Böschung. Die Erdbewegungen, mit denen das Gelände neu modelliert wird, bringen ein Problem mit sich: Wohin soll man bloß den ganzen Aushub schaffen? Die Entsorgung über Fachfirmen ist kostspielig, und nicht jeder möchte sich von der gesalzen erworbenen Scholle trennen, und seien es nur wenige Hundert Kilogramm. Was liegt da näher, als überflüssigen Boden einfach unter die Bäume zu kippen? Hinterher wird alles schön planiert und neuer Rasen eingesät, und schon ist der Garten picobello in Ordnung. Für den Baum, dem da so ungefragt Erde auf die Füße geschüttet wurde, allerdings nicht mehr. Denn er kann sich mit der geänderten Situation nur schwer anfreunden. Ein Teil des Stamms liegt nun unter der Oberfläche, wird ständig befeuchtet und erhält wenig Luft. Noch schlechter ergeht es den Wurzeln, denn die neue Bodenschicht verstopft die jahrzehntealten Luftkanäle, die unzählige Generationen von Regenwürmern gegraben haben.

Die Kombination aus Sauerstoffmangel und Stammbefeuchtung zeigt nach einigen Jahren Wirkung: Die Krone kümmert vor sich hin. Kleinere Blätter, dürre Äste, aufgeplatzte Rinde kurz über dem Boden – dem Baum geht es erkennbar schlechter. Ursache ist eine fortschreitende Fäulnis, die den Baum schließlich zum Absterben bringen kann.

Nicht jede Baumart ist empfindlich. Buchen oder andere dünnrindige Arten leiden besonders an einer Aufschüttung, während Weiden, Pappeln oder Erlen, die auch mit Überschwemmungen besser zurechtkommen, deutlich robuster sind.

Aus zwei mach eins

Das Kellergeschoss haben wir nun zur Genüge betrachtet. Wenden wir uns dem »eigentlichen« Baum zu, dem oberirdischen Teil. Das Freilandklima des Gartens kommt vor allem den Nestflüchtern zugute, also Birken, Weiden oder Kirschen. Sie wachsen hier genauso gut wie in der Natur. Auch die meisten Obstbäume, wie Apfel, Birne oder Pflaume, sind keine Waldliebhaber. Ihr »Steppencharakter« wird in der Wildform deutlich: Die Zweige sind mit Dornen besetzt, um große Pflanzenfresser abzuwehren, die es im Wald kaum gibt. Die Freilandarten fühlen sich im Garten pudelwohl und können hier ihre natürliche Altersgrenze erreichen.

Bei veredelten Obstbäumen gilt dies jedoch nur eingeschränkt. Sie sind Kunstwesen aus zwei verschiedenen Arten. Das Verfahren ist vergleichbar einem Gorilla, dem man einen Orang-Utan-Kopf aufpflanzt. Klingt ein wenig nach Frankenstein, oder? Die sogenannte Unterlage, also der Trägerbaum, in den das Edelreis, ein Zweigstück der gewünschten Sorte, eingesetzt wird, kann bei Birne eine Quitte, eine Wildbirne oder eine Eberesche sein. Für Kirschen haben die gezüchteten Unterlagen (bei denen z. B. die chinesische Steppenkirsche mit-

Mit jeder Veredelung wächst aus einem Zweig ein reich fruchtender Obstbaum heran.

mischt) so merkwürdige Namen wie »GiSelA 5« oder »Weiroot Nr. 158«. Manchmal ist es aber einfach nur die Wildform, die als Ständer für die Zuchtvariante dient.

Die Vermehrung durch Veredeln führt für den Ausgangsbaum zu einem schier unendlichen Leben. Denn letztlich stammen alle Gehölze einer Sorte, etwa der »Mirabelle von Metz«, von einem einzigen Ursprungsbaum ab, der in Form der weitergegebenen Edelreiser eine unglaubliche Größe einnimmt (über die ganze Welt verteilt). Mit jeder Veredelung wächst ein Zweig zu einem neuen Baum heran, verlängert das Leben des Ausgangsbaums um weitere Jahrzehnte.

Jeder Baum, ja sämtliche Wesen auf der Erde sind bestrebt, im Kampf der Evolution zu bestehen und ihr Erbgut über viele Generationen weiterzugeben. Streng genommen sind Obstbäume ganz besonders erfolgreich; über ihren »Köder«, die Früchte, bringen sie uns dazu, ihnen bei der Ausbreitung zu helfen. So gesehen ist der Vergleich mit Frankenstein ein wenig zu hart (und ich nehme ihn hiermit zurück).

Die Tatsache, dass alle Angehörigen einer Obstsorte eigentlich ein gemeinsamer Baum sind, hat Konsequenzen bei der Befruchtung. Die meisten Sorten benötigen einen zweiten Baum in der Nähe, um eine ordentliche Bestäubung der Blüten und damit einen guten Ertrag zu gewährleisten. Der zweite Baum sollte nicht von derselben Sorte sein, da das Nachbarexemplar eigentlich nur eine Verlängerung des ersten darstellt. Aus diesem Grund finden Sie auf den angehängten Etiketten häufig Angaben zu anderen Bestäubersorten, die zur gleichen Zeit blühen.

Die Unterlage ist das Nadelöhr für das aufgepfropfte Reis, für den späteren Obstbaum. Schwach Wachsende bremsen den gesamten Wuchs, sorgen dafür, dass sich Apfel, Birne, Kirsche und Pflaume

Manchmal passen Unterlage und aufgepfropftes Edelreis nicht recht zusammen.

nicht zu stark ausbreiten und die Blumenbeete verdunkeln. Wünscht man einen stattlichen Baum, der auch einmal eine Hängematte oder Schaukel aushält, so wählt man Hochstämme mit einer entsprechend starkwüchsigen Unterlage.

Manchmal scheinen Oberteil und Unterteil aber ziemliche Meinungsverschiedenheiten, sprich einen unterschiedlichen Wuchs zu haben. Erkennbar wird dies an älteren Bäumen, bei denen der Stamm am Kronenansatz übergangslos erheblich dicker wird. Hier kann der Baum durch den gestörten Faserverlauf auch abbrechen.

Bei sehr tief veredelten Exemplaren, bei welchen das Edelreis nur einige Zentimeter über der Wurzel aufgepfropft wurde, kann es zu einer Art Gefängnisausbruch kommen. Gerade Buschbäume werden gerne auf schwach wachsende Unterlagen verpflanzt, um einen kleinen, kompakten Wuchs zu erzielen – ideal für Gärten mit wenig Platz. Wird nun solch ein Bäumchen so tief gepflanzt, dass das aufgepfropfte Edelreis Bodenkontakt bekommt, so bildet dieses aus der Rinde neue Wurzeln. Damit kann es die Unterlage umgehen und wieder so schnell wachsen, wie es will. Aus einem Buschbaum kann über die Jahre ein gewaltiger Hochstamm entstehen. Wollen Sie dies verhindern, so sollten Sie darauf achten, dass sich die Veredelungsstelle stets über der Erde befindet.

Die Methode der Veredelung ist möglicherweise der Grund, warum Obstbäume in der Regel nur wenige Jahrzehnte alt werden. Hundert und mehr Jahre, wie bei den Wildformen, werden prinzipiell nicht erreicht. Die veredelten Zweige gehören ja zu einem viel älteren Baum, dessen Lebensuhr auch auf der neuen Unterlage nur bedingt verlängerbar ist.

Kommen wir zu der Gruppe der Nestflüchter. Sie eignen sich alle hervorragend für Ihren Garten. Eine Freifläche ohne starke Konkurrenz von Urwaldarten, das ist für diese Einzelkämpfer ein Schlaraffenland. Birken, Weiden, Wildkirschen oder Pappeln wachsen hier exakt so auf wie in freier Wildbahn, werden dadurch aber auch 25 Meter und höher. Problematisch wird, je nach Gartengröße, der Lebensabend der Giganten. Denn die Verabschiedung erfolgt in der Regel nicht durch einen langsamen Tod und das anschließende Zerbröseln der Äste und des Stamms, sondern infolge von Stürmen, da alte Bäume meist stammfaul und damit instabil werden.

Ganz anders ist die Situation für echte Waldbäume. Ob Buche, Ahorn oder Tanne, sie alle finden im Garten ungewohnte Bedingungen vor. Weder bremst ein Schatten spendender Elternbaum ihr jugendliches Wachstum noch unterstützen zarte Wurzelbande diese in Krisenzeiten mit Zuckerlösung – kurz, junge Waldbäume wachsen in unseren Grünanlagen regelrecht verwaist auf. Keine Sorge, es kann trotzdem etwas Anständiges aus ihnen werden!

Die Entwicklung verläuft zunächst ungewohnt schnell. Die für das Jugendstadium vorgesehene, oft mehr als ein Jahrhundert währende Wartezeit entfällt ersatzlos. Der junge Baum startet also von Anfang an mit Vollgas durch. Im Urwald ist der Kronenaufbau immer erst dann möglich, wenn der langsam emporgewachsene Nachwuchs eines Tages genug Licht erhält, weil er in der oberen, hellen Etage angekommen ist. Diese Helligkeit bekommt der Gartenbaum vom ersten Augenblick an, sodass er von Anfang an mit der Bildung starker Äste beginnt. Das hat zweierlei Konsequenzen: Zum einen erreichen Waldbäume im Garten nicht ihre natürliche Endhöhe, da hier gewissermaßen der mittlere

Stammabschnitt fehlt. Die Bäume müssen sich nicht in die Höhe recken, sie bilden ihre Krone schon nach wenigen Metern. Zum Anderen werden sie nicht ganz so alt wie ihre wilden Kollegen, da die Wartezeit der Jugend übersprungen wurde. Durch das rasche Jugendwachstum befinden sich im Stamminnern große Holzzellen mit einem entsprechend hohen Luftvolumen. Dies begünstigt Pilzerkrankungen (Pilze brauchen Luft zur Entwicklung), sodass Gartenbäume eher Gefahr laufen, eines Tages zu faulen. Dennoch können Waldbäume auch im Garten, sorgsamen Umgang vorausgesetzt, mehrere Hundert Jahre alt werden.

Baumschnitt

Bäume können sehr groß werden. Was banal klingt, wird von Gartenbesitzern offensichtlich immer wieder verdrängt. Wie sonst sind die aufwendigen Aktionen zu erklären, bei denen ein vor 30 Jahren mit Ballen gepflanzter, ausgedienter Weihnachtsbaum von Spezialfirmen gefällt werden muss, weil er mittlerweile das Haus verdunkelt? Auch andere Artgenossen, wegen ihres hübschen Laubs oder leckerer Früchte in den Garten gebracht, dehnen sich im Laufe der Jahrzehnte über Gebühr aus und beanspruchen Flächen, die für Rasen oder Beete vorgesehen waren.

Um einen späteren Rückschnitt zu vermeiden, sollten Sie sich genau über die zu erwartende Größe eines zu pflanzenden Baums informieren. Und so schwer es fällt, falls der Platz, den Sie zur Verfügung haben, nicht ausreicht, so entscheiden Sie sich besser für eine kleinwüchsigere Art. Denn ein Entfernen starker Äste an alten Bäumen, gar ein Rückschnitt der Krone, bringt folgende Probleme mit sich:

Mit dem Absägen werden die Leitungen des Baumes gekappt, und zwar quer zur Faserrichtung. Damit dringt Luft in die kleinen Röhren ein, und ähnlich einer Embolie bei uns Menschen kollabiert das umliegende Gewebe und stirbt ab. Das den Schnitt umgebende Kambium wird ebenfalls in Mitleidenschaft gezogen, da es austrocknet und abstirbt. Auf diese Weise reicht der Wundbereich über die eigentliche Schnittstelle hinaus. Der Baum versucht nun im Höchsttempo, das Holz nach innen abzuriegeln, damit weder Luft noch die nachfolgenden Pilze das Stamminnere erreichen. Ist der Aststumpf nicht dicker als fünf Zentimeter, so gelingen in der Regel die Abschottung und die komplette Überwallung. Die Luftzufuhr wird wieder unterbrochen, das Gewebe mit Baumsäften durchfeuchtet. Pilze können aber ohne Luft nicht wachsen, sodass sie absterben. Der Baum kann in der Folge den Wundbereich abkapseln und ungestört weiterwachsen.

Ist der Aststumpf jedoch größer, so kann der Pilz tiefer in den Stamm vordringen. Hier im Bereich der älteren Jahresringe ist das Gewebe bereits stillgelegt, der Baum kann sich also nicht mehr wehren. Zudem bleibt die Luftzufuhr von außen über die größere Verletzung viel länger erhalten, sodass den Pilzen nicht die Puste ausgeht. Und so fressen sie sich tiefer und tiefer in den Stamm, bis dieser ausgehöhlt ist.

Die Fähigkeit, Wunden zu verschließen, ist bei den Baumarten ganz unterschiedlich ausgeprägt. So ist für Weiden, Birken oder Obstbäume mit einem fünf Zentimeter dicken Aststumpf die Grenze erreicht, während Eichen, Buchen, Platanen, Kiefern oder Lärchen locker zehn Zentimeter wegstecken können.

Ist eine erhebliche Wunde entstanden, bei der voraussichtlich die Pilze das Rennen gewinnen, kann ein Sicherheitsrisiko für Ihr Hab und Gut entstehen. Schätzen Sie die Höhe des Baumes und ziehen Sie mit diesem Maß einen Kreis um den Stamm, so können Sie erahnen, was alles in Gefahr gerät, wenn dereinst ein Sturm den beschnittenen Riesen fällt. Und der Gefahrenradius wächst jährlich zusammen mit der Baumhöhe!

Die Gartenindustrie bietet für den Schnitt allerlei Mittel an, um den Aststumpf gegen Pilzbefall zu schützen. Verschiedene Wachse und Streichmittel sollen die Wunde hermetisch abriegeln und vermitteln so das Gefühl, der Baum sei geschützt. Ein Irrtum, wie man leider erst in den folgenden Jahren feststellt. Denn spätestens nach zehn Minuten sind die ersten Sporen auf der frischen Schnittfläche gelandet und machen jeden Schutz sinnlos. Sollen die Präparate also Sinn ergeben, so muss die Behandlung unmittelbar nach dem Absägen erfolgen. Stunden oder Tage später können Sie sich das Geld für die Mittel sparen. Damit verbietet sich auch die Anwendung bei alten Wunden: Denn wenn der Pilz einmal eingedrungen ist, hält eine Versiegelung durch Wachs den

Wundbereich schön feucht und ermöglicht es den Erregern, auch noch bei trockener Witterung ungestört weiterzuwachsen.

Selbst wenn Sie alles korrekt und innerhalb der fraglichen zehn Minuten durchgeführt haben, ist das noch keine Garantie für ein gesundes Verheilen. Denn auch wenn das Wachs richtig aufgetragen wurde, so bekommt es doch durch Sonne und Frost irgendwann Risse. Und spätestens jetzt können Pilze zuschlagen. Eine positive Wirkung haben die Mittel dennoch: Sie verhindern, dass das Kambium rund um den Schnitt austrocknet und die Verletzung vergrößert. Schön feucht gehalten unter der künstlichen Schicht, kann es sich gleich an die Reparatur der Schadstelle machen. Der Auftrag von Baumwachs und Co. sollte also nur rings um die Wunde auf den Übergang Holz/Rinde erfolgen, um einerseits das Kambium zu schützen und andererseits die restliche Schnittfläche abtrocknen zu lassen. Pilze haben so das Nachsehen.

Der beste Schutz für einen Baum ist es aber immer noch, wenn Sie dicke, gesunde Äste einfach in Ruhe lassen.

Was tun, wenn der Schnitt eines starken Astes aber unvermeidlich ist? Die erste Regel lautet: so dünn wie möglich. Zeichnet sich ab, dass Äste entfernt werden müssen, so sollten Sie nicht warten, sondern sofort zur Tat schreiten. Jedes Jahr Verzögerung lässt den Ast dicker werden und somit das Risiko ansteigen.

Die zweite Regel heißt: Niemals den Astring verletzen. Schauen Sie noch einmal im Abschnitt »Astring« auf Seite 75 nach, wie dieser beschaffen ist. Im Zweifelsfall lassen Sie einfach einige Zentimeter des Astes stehen, dann ist der Ring in jedem Fall intakt.

Beim Baumschnitt darf der Astring nicht verletzt werden.

Die dritte Regel betrifft die Schnittführung: Rindenausrisse sind unbedingt zu vermeiden. Wenn Sie einen Ast von oben nach unten durchsägen, so kippt er noch vor dem völligen Abtrennen ab und reißt im Fallen eine Rindenfahne ab, die sich häufig bis zum Stamm hinunterzieht. Damit ist auch der Astring beschädigt.

Schonender geht es, wenn Sie den Ast zunächst ein wenig von unten ansägen oder zumindest die Rinde unterhalb bis auf das Holz einschneiden. Wird nun von oben gesägt, so stoppt der Ausriss an der Schnittstelle. Große, schwere Äste kappen Sie besser klötzchenweise, aber in einem Arbeitsgang, um die Hebelwirkung und damit die Gefahr der Astringbeschädigung zu verringern.

Viertens: Benutzen Sie nur scharfes Werkzeug. Zerfaserte oder zersplitterte Aststümpfe, die durch stumpfe Sägen oder Astscheren hervorgerufen werden, sind für den Baum ganz schlecht zu überwallen.

Last, but not least ein Hinweis zum Zeitpunkt: In der Zeit des Saftschießens, also im Frühjahr, ist ein Schnitt tabu. Dies betrifft die Monate März bis Mai, in denen der Baum keine Kraft für die Pilzabwehr erübrigen kann, da er in den Vorbereitungen für den Laubaustrieb steckt. Zudem »blutet« der Baum in diesem Zeitraum an der Schnittstelle, verliert also Flüssigkeit aus der Wunde. Diese Feuchtigkeit erleichtert es Krankheitserregern, sich anzusiedeln. Oft verfärbt sich der austretende Saftstrom auf der Rinde schwarz, was auf einen regelrechten Rasen aus Pilzen und Bakterien hindeutet.

Ebenso sollten im Winter Frosttage vermieden werden. Der beste Zeitpunkt für das Stutzen der Äste ist der Sommer. Hier hat der Baum Zeit und Energie, mit der Verletzung fertig zu werden. Vor allem kann er, ganz im Gegensatz zu einem Winterschnitt, sofort reagieren. Zudem ist im Hochsommer der Saftfluss in den Zweigen schon deutlich gedrosselt, sodass aus den Wunden keine Flüssigkeit mehr austritt.

Der häufig für die kalte Jahreszeit empfohlene Schnitt für Obstgehölze resultiert nur aus der Tatsache, dass man in laublosem Zustand besser erkennen kann, welche Äste die gewünschte Kronenform stören.

Dies alles gilt nur für lebende Äste, bei abgestorbenen sieht die Sache anders aus. Hier kann keine Rinde abgerissen werden, hier tritt kein Saft aus, der den Pilzen den Eintritt erleichtert, und der Baum ist auch schon vorgewarnt und arbeitet bereits an Schutzmaßnahmen.

Dennoch sollten Sie auch totes Geäst glatt absägen (Astring beachten!), damit der Baum diese Stelle so rasch wie möglich verschließen kann.

Eine Besonderheit, zumindest aus Sicht der Bäume, sind Hecken. Bestehen sie aus Buche, Hainbuche, Fichte oder Thuja, so gelten für ihr Wohlbefinden grundsätzlich die gleichen Maßstäbe wie für große Exemplare. Der Unterschied ist, dass wir sie künstlich klein halten, jährlich ein- oder zweimal beschneiden und damit am Wuchs in die Höhe hindern. Würden wir sie von der Leine lassen, unterließen wir eines Tages den Rückschnitt, so könnten aus den Pflanzen jederzeit wieder vollwertige Bäume heranwachsen. Denn einige Jahrzehnte Pause sind speziell die Arten, die sich für Hecken eignen (etwa Buche oder Hainbuche), aus ihrer ursprünglichen Heimat, dem Urwald, gewohnt.

Selbst die unterschiedlichen Charaktereigenschaften innerhalb der Arten werden bei den gestutzten Bäumen sichtbar. Achten Sie einmal im Herbst auf den Beginn der Färbung oder des Laubfalls: Ganz wie bei den Großen gibt es auch hier ängstliche oder mutige Zeitgenossen.

Über den Zeitpunkt des Heckenrückschnitts gibt es viele unterschiedliche Meinungen. Aus der Sicht der Bäumchen kann es nur eine geben: wenn schon, dann im Sommer. Denn dann können die Knirpse die Verletzungen sofort in Angriff nehmen und ausheilen. Besonders günstig ist es ab Mitte August, weil dann auch Brutvögel die Hecke verlassen haben.

Und sollen Sie eines Tages doch die Möglichkeit haben, eines der Heckenmitglieder größer werden zu lassen, nur zu! Infolge seines überdimensionalen Wurzelsystems, durch viele Jahre des Wartens aufgebaut, kann der auserwählte Baum rasch an Höhe zulegen und zu einem gesunden Vertreter seiner Art heranwachsen.

Obstbäume schneiden

Alljährlich im Herbst bieten Volkshochschulen und Streuobstvereine Schnittkurse für Obstbäume an. Die Maßnahmen sollen der Gesunderhaltung sowie der Ertragssteigerung dienen. Stimmt die Formel »jährlich reicher Fruchtbehang = gesunder Baum«? Zunächst scheint die Natur diese Annahme zu widerlegen. Aus gutem Grund blühen wilde Exemplare mit wenigen Ausnahmen nur alle drei bis fünf Jahre. Jede Fruchtbildung bedeutet einen enormen Kraftaufwand, Energie, die zum Wachstum der Zweige und Blätter sowie zur Krankheitsabwehr fehlt. Nur wenn es ihnen schlecht geht, sie sich ob des drohenden Dahinscheidens schnell noch einmal vermehren möchten, kann dieser Rhythmus verkürzt werden. So ist die Luftverschmutzung und die damit einhergehende Schädigung der Waldbäume Hauptursache für ihr häufiges Blühen.

Wird der Obstbaum durch den Schnitt also künstlich geschwächt? Ganz so einfach ist die Frage nicht zu beantworten, und das hängt mit der besonderen Ausgangssituation dieser Gehölze zusammen. Denn wie schon erwähnt, handelt es sich hier um Kunstgebilde, um Zweige der gewünschten Sorte, die auf ein fremdes Stämmchen gepfropft wurden. So ein Zweig auf fremder Unterlage wächst nicht mehr wie ein richtiger Baum, sondern verhält sich so, als wäre er ein Ast in der Krone. Er gabelt sich auf, wächst hierhin und dorthin, und legt im Laufe der nächsten Jahrzehnte nur wenige Meter an Höhe zu. Zudem werden die inneren Äste, wenn sie im Schatten der äußeren liegen, kahl und sterben schließlich ab. Der Baum vergreist, wie der Fachmann sagt, und damit benimmt sich ein ungezügelter Apfelbaum nicht anders als seine wilden Kollegen. Die Äste dehnen sich munter aus, und irgendwann macht es an der Sollbruchstelle, zwischen Unterlage und Edelreis, knack: Die Krone bricht an der aufgezwungenen Verbindung ab. Das muss nicht in jedem Fall passieren, aber je weniger die beiden Zwangsgenossen harmonieren, je mehr ihr Wuchs voneinander abweicht, desto eher kommt es zu so einem Malheur.

Der Schnitt der Obstbäume hat das Ziel, trotz dieser Einschränkungen einen harmonischen, stabilen Kronenaufbau zu erreichen. Dazu werden allzu stürmisch wachsende Äste gekürzt und die Krone immer wieder aufgelichtet. Sie wird hierdurch nicht nur leichter, sondern lässt auch mehr Licht in ihr Inneres, sodass alle Äste genügend Sonne erhalten und nicht absterben. Neben der Gewichtsreduzierung sieht dies einfach schöner aus, der Schnitt ist also auch der Ästhetik geschuldet.

Die Gestaltung soll aber auch einen höheren Ertrag bewirken. Da senkrecht aufstrebende, lange Triebe kaum Blüten bilden, gilt das

Augenmerk der Förderung waagerecht abgehender, kürzerer Äste. Ungeduldige Obstfreunde helfen etwas nach, indem sie an steile Äste kleine Gewichte hängen, damit sie in die Horizontale kommen und früher blühen. Eine extreme Form der aufgezwungenen Gestalt ist das Spalierobst, welches an Hausfassaden oder Hilfsgerüsten eher an Weinreben erinnert als an Bäume. Dem Ertrag und der leichten Ernte wird hier die gesamte Erscheinungsform untergeordnet.

Und nun noch einmal zu der Frage: Tut der regelmäßige Schnitt den Bäumen gut? Könnten sie sprechen, so wäre die Antwort sicher: Nein! Die Pflegemaßnahmen senken das Risiko, dass der Baum auseinanderbricht, aber unter Abwägung aller Gesichtspunkte denke ich, dass die meisten Obstbäume auch ganz gut ohne unsere Hilfe zurechtkommen würden. Wenn die Krone innen kahl ist, die Äpfel und Birnen nur ganz außen an den Ästen hängen und damit schwer zu ernten sind, wenn der Baum nur alle drei Jahre trägt: Würden Sie auch dann einen Platz im Garten für ihn reservieren? Der Schnitt, der die unerwünschten Phänomene verhindert, tut vor allem uns gut, bringt den Baum dahin, wo wir ihn haben wollen. Das ist der Preis, die Eintrittskarte, die Apfel und Co. zu zahlen haben, damit ihnen der Vorrang vor anderen Gehölzen gewährt wird.

Lebende Pfosten

Was gibt es Schöneres, als in der Hängematte zu liegen und im Schatten der Gartenbäume den Sommer zu genießen? Doch vor dem Vergnügen stellt sich häufig die Frage, woran die Matte befestigt werden soll. Einbetonierte Pfosten haben den Nachteil, dass sich die Beseitigung als aufwendiges Unterfangen herausstellt, falls man sie irgendwann einmal nicht mehr braucht.

Stehen zwei Bäume im passenden Abstand, so kann man sich die Arbeit sparen. Schnell ist die Hängematte befestigt, und man kann den Blick in die Baumkronen genießen. Doch Vorsicht! Auch wenn Sie kein Schwergewicht sind, können erhebliche Belastungen auf den Stamm einwirken. Nicht, dass dieser umfallen könnte. Schließlich wirken auch bei einem Sturm tonnenschwere Kräfte auf die Wurzeln, sodass eine Hängematte schon auszuhalten ist. Nein, es ist das empfindliche Kambium, welches gequetscht werden kann. Und aus solchen Quetschungen können nässende Wunden werden und aus diesen wiederum eine Fäule.

Möchten Sie Ihre Bäume als lebende Pfähle nutzen, so sollten Sie zunächst die Stabilität des Stammes einschätzen: Er darf sich keinen Zentimeter zur Seite neigen, wenn Sie in die Hängematte steigen. Der zweite Blick gilt der Rinde. Ist sie glatt, so ist sie zu dünn. Die Befestigungsschnüre der Matte würden einschneiden und das Kambium beschädigen. Ist die Baumhaut dagegen rau und rissig, so kann sie schon mehr Druck vertragen. Bei dünner Rinde ein Muss, bei dickerer Rinde ein Kann sind breite Stoffbänder aus Nylon, wie sie z. B. zur Ladungssicherung auf Anhängern verwendet werden. Mehrmals um den Stamm geschlungen und verknotet, sind sie eine gute Verankerung für die Hängematte und verteilen die auftretenden Kräfte auf eine größere Fläche. Nach dem Sommer werden die Bänder wieder abgenommen und im kommenden Frühjahr neu befestigt, damit sie nicht einwachsen.

Ähnlich sollten Sie mit der Befestigung einer Schaukel verfahren. Anstelle von Schrauben, die in einen tauglichen, quer verlaufenden Ast eingebohrt werden, können Sie zwei Bänder in passendem Abstand herumschlingen und erst daran die eigentliche Schaukelaufhängung montieren. Das hat den Vorteil, dass der ausgesuchte Ast unbegrenzt lange hält und nicht eines Tages angefault abbricht, wenn ein wilder Schaukler seine Kräfte probt.

Ähnliches gilt für jede Befestigung von Konstruktionen in Bäumen, auch für Kletter- und Kronenpfade. Diese Freizeiteinrichtungen schießen wie Pilze aus dem Boden und machen den Wald aus der Vogelperspektive erlebbar. So sinnvoll sie sind, so stümperhaft sind sie oft angelegt. Die dicken Drahtseile sind manchmal mit einer Art Rohrschelle direkt auf dem Stamm befestigt, meistens sind es jedoch Holzmanschetten aus kleinen Latten, die zum Schutz der Rinde unter den Seilen liegen. In beiden Fällen kommt es zu Druckverletzungen, da die starre Unterkonstruktion nie ganz plan aufliegt und somit die Kräfte partiell besonders stark wirken. Zudem lockern nicht alle Betreiber diese Manschetten, die dem Baum wegen seines Dickenwachstums laufend zu eng werden. Ganz leichtsinnig ist es, solche Seilgärten in Buchenwäldern anzulegen. Die glattrindige Baumart reagiert prompt mit nässenden Wunden.

Schlecht angelegte Klettergärten, und das ist leider eine Vielzahl, schädigt den benutzten Waldbestand massiv. Nach zehn, zwanzig Jahren, wenn die Mode vorüber ist, bleiben verwundete Bäume zurück, in deren Stämmen die Fäulnis eingesetzt hat.

Auch hier wären Textilbänder die bessere Wahl, weil sie sich geschmeidig um den Schaft legen, den Druck gleichmäßig verteilen und, sofern jährlich ein wenig gelockert, nicht einwachsen können.

Der Baum am Haus

Wie romantisch ist ein alter Baum, der am Haus steht und mit seinen Blättern die Sommerhitze lindert, in dessen Ästen die Eichhörnchen turnen und dessen rauschende Zweige eine beruhigende Melodie am Ende eines langen Arbeitstages singen. Um unser Forsthaus herum stehen alte Birken, Kiefern und Obstbäume, die ich nicht mehr missen möchte. Doch von einem Exemplar haben wir uns vor drei Jahren getrennt: eine mächtige, alte Douglasie. Mein Vorgänger hatte den typischen Fehler vieler Gartenbesitzer gemacht und bei der Pflanzung nicht berücksichtigt, wie groß dieser Baum werden würde. Nur vier Meter vom Haus entfernt ragten die Äste des 60-jährigen Baumes schließlich über das halbe Dach und ließen jährlich große Mengen an Nadeln fallen. Die Dachrinnen verstopften und liefen bei heftigen Regenfällen über, die Ziegel vermoosten im Schatten, sodass eine aufwendige Dachreinigung notwendig wurde. Nebenbei rissen die Treppenstufen zum Eingang und wölbten sich hoch, da das immer mächtiger werdende Wurzelwerk Raum forderte. Den Ausschlag gaben aber die Stürme. Wenn sich die gewaltige Krone heftig bog und bedrohlich knackte, so gefährdete sie das Dachzimmer und in ihm meine Tochter, die darin ihr kleines Reich hatte. Es nützte nichts, der Baum musste weichen. Nun haben wir das Glück, dass unser Grundstück vom Haus bis zur Straße 50 Meter misst. So konnten wir den Baum im Ganzen fällen, und die Spitze kam nur wenige Zentimeter vor dem Grundstücksende zu Boden.

Auf kleineren Flächen wird eine aufwendige, stückweise Fällung notwendig, damit weder Zaun noch Nachbarhaus beschädigt werden. So einen Einsatz lassen sich Spezialfirmen fürstlich honorieren.

Möchten Sie von vornherein solche Probleme vermeiden, so sollten Sie Bäume mindestens so weit entfernt einpflanzen, dass ihre spätere Krone nicht bis ans Haus ragt. Selbst dann noch kann es vorkommen, dass einzelne Wurzelausläufer bis zu den Grundmauern vordringen. Sind diese fest gefügt oder betoniert, kann nicht mehr viel passieren. Bei alten Häusern mit Bruchsteinmauern, die ohne Beton aufgesetzt sind, können die Wurzeln allerdings Schaden anrichten, indem sie die Steine auseinanderdrücken.

Es ist unglaublich, wo hinein sich die Haftorgane überall zwängen. So überwinden sie selbst Dichtungsringe an Abwasserrohren und breiten sich in den dunklen Kanälen aus. Die Wurzeln wirken hier wie Filter und blockieren gröbere Fracht, bis es zu einer Verstopfung kommt. Da in den vergangenen Jahrzehnten viele Bäume unbedacht in die Nähe von Abwasserleitungen oder auch Gasleitungen gepflanzt wurden, breitet sich unter Experten ein immer größer werdendes Unbehagen aus. Sie schätzen den Sanierungsbedarf durch eingedrungene Baumwurzeln allein in Deutschland auf über 50 Milliarden Euro.

Speziell in Städten hat diese Unbedarftheit geschichtliche Hintergründe. Früher verliefen Kanäle und Leitungen in der Straßenmitte; die Bäume standen am Rand der Fahrbahn Spalier. Aus Kostengründen ging man nach dem Zweiten Weltkrieg dazu über, die Versorgungsinstallationen in den Gehwegen zu verlegen – genau hier stehen aber traditionell die Bäume. Und da diese einige Jahrzehnte brauchen, um groß zu werden, taucht das Problem mit einwachsenden Wurzeln erst in neuerer Zeit verstärkt auf. Dabei sind es nicht nur Verstopfungen, die Schäden verursachen. Denn Bäume umschlingen mit ihren Organen auch Steine, um sich im Boden zu verankern, ersatzweise auch Versorgungsinstallationen. Rüttelt und schüttelt ein heftiger Sturm in der Krone, so fängt der Baum die Kräfte über sein Wurzelsystem ab. Wenn dieses als Halteanker Rohre benutzt, so kann es leicht zu einem Bruch kommen. Denn die auftretenden Belastungen am Stammfuß und damit auch im Wurzelbereich können bei starken Böen über 100 Tonnen betragen. Für solche Kräfte sind die verlegten Leitungen natürlich nicht ausgelegt.

Ist der Schaden eingetreten, so sind aufwendige Grabungen und Reparaturen erforderlich. Da möchte man als Hausbesitzer auf Nummer sicher gehen und den Übeltäter beseitigen. Haben Sie mehrere Bäume, die infrage kommen, so wäre es schade, gleich alle zu fällen. Das ist auch gar nicht nötig, denn es gibt Institute, wie etwa die Albrecht-Ludwig-Universität in Freiburg, die eingesandte Wurzelproben aus den beschädigten Rohren für rund 200 Euro untersuchen und die verursachende Baumart mitteilen (www.wurzelbestimmung.de).

Halten Sie also Abstand oder wählen Sie, wenn der Garten dafür nicht genügend Platz bietet, eine kleinwüchsige Art.

Ist das Kind schon in den Brunnen gefallen, steht nun ein alter Baum zu nah am Haus, so ist sorgfältige Beobachtung angesagt. Achten Sie auf kleine Risse im Mauerwerk, auf Bodenhebungen in der Umgebung oder Feuchtigkeit im Keller. Solange sich hier nichts zeigt, ist der Baum vielleicht friedlich und drängt nicht gegen die Grundfesten Ihres Eigenheims. Stehen die Anzeichen aber auf Konflikt, so sollten Sie sich trennen. Man kann den Abschied hinauszögern, indem man den Baum massiv zurückschneidet. Damit ist sein Expansionsdrang gestoppt, da er das große Wurzelwerk nicht mehr vollständig versorgen kann und es teilweise stilllegen muss. Aber was ist das für ein Anblick! Die Krone ist verstümmelt, und nebenbei haben nun Pilze die Chance, den Koloss zu besiedeln. Bestenfalls sind mit dieser Methode 10 bis 20 Jahre gewonnen.

Noch weniger tauglich ist das Beschneiden des Wurzelwerks, wie es immer wieder bei Baumaßnahmen im Straßenbereich zu sehen ist. Auch hier gilt: Hat die Wunde mehr als fünf Zentimeter Durchmesser, so ist eine rasch fortschreitende Fäulnis die unweigerliche Folge. Und im Gegensatz zum Kronenschnitt merkt der Besitzer noch nicht einmal, dass sich die Stabilität des Baumes rapide verschlechtert. Das Risiko, dass der so verstümmelte Baum eines Tages auf das Hausdach stürzt, sollten Sie nicht eingehen.

Im Porträt: die Hainbuche

Der Name Hainbuche *(Carpinus betulus)* führt ein wenig in die Irre, denn der Baum gehört nicht zur Familie der Buchen, sondern zu den Birkengewächsen.

Die Hainbuche, ein einheimischer Laubbaum, ist bescheiden: Sie begnügt sich in Wäldern mit dem bisschen Licht, welches die großen Buchen oder Eichen durch ihre Kronen hindurch lassen. Das reicht zwar zum Leben, aber nicht für imposante Stämme, sodass Hainbuchen immer ein wenig gebückt und mickrig aussehen. Dabei können sie durchaus zu großen, rund 25 Meter hohen Bäumen heranwachsen, so man sie denn lässt. Ähnlich der Birke können sie aber nur wenig mehr als 120 Jahre an Höchstalter erreichen.

Ihre Genügsamkeit macht sie zur idealen Heckenart: Sie ist immer schön dicht belaubt, weil ihre Zweige Schatten vertragen, sie erduldet den jährlichen Rückschnitt ohne Murren, und ihr Laub verbleibt über den Winter zumindest teilweise in vertrocknetem Zustand an den Ästen, sodass auch in der kalten Jahreszeit ein wenig Sichtschutz gegeben ist.

Frühzeitig Ersatz schaffen

Wenn man sich von einem Baum trennen muss, der viele Jahre die Optik und Atmosphäre des Gartens bestimmt hat, so ist dies immer ein tiefer Einschnitt. Wie lange dauert es, bis der nachgepflanzte Ersatz so groß geworden ist, dass er die Lücke füllen kann! Nicht zuletzt deswegen fällt es etlichen Besitzern schwer, sich von einem problematischen Exemplar zu trennen.

Es gibt eine Methode, wie Sie sich solche Übergänge erleichtern können: Spielen Sie Urwald und ahmen Sie die Prozesse der Natur nach. Die meisten Bäume brauchen für eine sorgenfreie Jugend den Schutz ihrer Eltern. Was liegt da näher, als den Nachfolger schon unter den Vorgänger zu pflanzen, solange dieser noch steht? Sinnvollerweise sollte der Abstand zum Haus größer gewählt werden als bisher, falls dies der Grund für die anstehende Trennung ist. Zudem sollten Sie den alten Baum durch eine weniger kritische Art ersetzen, beispielsweise Fichten durch Buchen. War die Größe ein Grund für den Abschied, so kann die Vogelbeere genommen werden. Sie wird im Garten mit 15 Meter Höhe kaum größer als ein Obstbaum und erfreut neben den weißen Blüten mit roten (äußerst gesunden) Beeren.

Besonders gut funktioniert eine Pflanzung im Schatten von Altbäumen mit den sogenannten Nesthockern, den eigentlichen Urwaldarten also. Wir haben unter unseren alten Birken, denen voraussichtlich nicht mehr als weitere zwei bis drei Jahrzehnte vergönnt sein werden, schon jungen Buchen eine Chance gegeben. Sie wachsen im Schutz dieser Ammen schön langsam und geduldig, wie sie dies auch in freier Wildbahn tun würden. Nach mittlerweile 20 Jahren haben sie erst eine Höhe von rund fünf Metern erreicht und stehen gertenschlank in Warteposition. Sollte nun eines Tages eine der großen Birken den Alterstod sterben, so kann eine wartende Buche unverzüglich nachrücken und rasch den freien Platz besetzen.

Das funktioniert allerdings nicht mit allen Arten gleich gut. Speziell die Rosengewächse (Vogelbeeren, Kirschen und andere Obstbäume), die zu den Nestflüchtern zählen, sind darauf trainiert, ohne Eltern aufzuwachsen. Ihnen wäre ein Dasein unter Fichten oder Tannen zu dunkel. Birken oder Eichen lassen allerdings genug Licht auf den

Boden, um auch mit solchen Arten eine schonende Nachfolge zu organisieren. Der Einzelkämpferstatus der Obstbäume ist so ausgeprägt, dass die nächste Generation am selben Standort schlechter wächst als ihre Vorgänger. Aus diesem Grund sollte man beispielsweise nie einen neuen Apfelbaum auf den Standplatz des Vorgängers pflanzen.

Lottogewinn

Bäume im Garten wachsen in vielerlei Hinsicht mit Beschränkungen auf, das krasseste Beispiel ist die schon besprochene Hecke mit ihrem ständigen Rückschnitt. Bevor Sie aber nun ein schlechtes Gewissen bekommen, weil Sie dem Baum die natürliche Entfaltungsfreiheit verwehren, lassen Sie mich ein paar Gedanken zu Risiken und Chancen erzählen.

Bäume produzieren pro Jahr einige Tausend (Obstbäume) bis zu über 20 Millionen (Pappeln) Samen. Um die Art und den Bestand zu erhalten, genügt es, wenn im Verlaufe des gesamten Baumlebens ein einziger Jungbaum überlebt und groß wird. Der große Rest der Früchte landet in Tiermägen oder wird wieder zu Humus.

Machen wir ein kleines Gedankenspiel: Wir multiplizieren die jährlichen Samenmengen mit der durchschnittlichen Lebensspanne der betreffenden Art. Das Ergebnis spiegelt exakt die Wahrscheinlichkeit wider, dass aus einem Samen tatsächlich eines Tages ein großer Baum wird, denn jeder Baum braucht ja, rein statistisch gesehen, nur einen einzigen Nachfolger. Bei Pappeln liegt sie bei 1:1 Milliarde, bei Buchen bei 1:1,7 Millionen, bei Apfelbäumen immerhin noch bei 1:300 000.

Die Chancen des Baumnachwuchses auf ein Leben als Mutterbaum sind also bei den meisten Arten ähnlich gut (oder schlecht) wie ein Hauptgewinn im Lotto.

Die Samen, aus denen Ihre Gartenbäume keimten, wären in freier Wildbahn mit hoher Wahrscheinlichkeit vermodert oder, falls sich ein Tier dafür interessiert hätte, verdaut worden. Indem Sie ein Plätzchen im Garten zur Verfügung stellen, spielen Sie für die kleinen Bäume Lottofee. Hier darf der Nachwuchs wachsen, hier droht ihm kaum noch

Gefahr. Auch wenn es »nur« ein Platz in Ihrer Hecke ist, so dürfen sich Hainbuchen und Co. dennoch als Gewinner fühlen. Nicht jeder kann eben den Jackpot haben.

Kupfernägel und andere Legenden

Im Laufe der Jahre haben sich verschiedene Legenden gebildet, die unseren Umgang mit den Bäumen betreffen. Eine davon betrifft in der Regel nicht die eigenen Exemplare, sondern die des Nachbarn. Ob es Äste sind, die weit über den Zaun ragen und die Beete verdunkeln, ob es das Laub ist, welches vom Herbstwind herübergeweht wird: Der Baum des Anrainers stört! Und wenn alle Gespräche, die Äste oder besser gleich den Stamm zu beseitigen, nichts fruchten, stünde normalerweise ein Gang zum Ordnungsamt oder, falls auch dann keine Regelung zufriedenstellt, eine gerichtliche Auseinandersetzung an. Das ist den meisten offenbar zu umständlich. Sie glauben gar nicht, wie oft ich gefragt werde, wie man einen Baum diskret zu Tode bringen kann! Spätestens jetzt kommen die berühmten Kupfernägel zur Sprache. Ein paar davon an unauffälliger Stelle in den Stamm geschlagen, und schon ist das Problem beseitigt. So heißt es zumindest. Denn Bäume reagieren auf Kupfer sehr empfindlich, so weit stimmt der Tipp.

Die Universität Hohenheim untersuchte bereits 1976 verschiedene Arten bezüglich ihrer Reaktion auf Kupfernägel. Das Ergebnis: Die Bäume wuchsen fröhlich weiter. Zwar können sie Kupfer auf den Tod nicht ausstehen, aber sie behandeln den Nagel einfach wie jeden anderen Fremdkörper und kapseln das umliegende Gewebe ab. Damit ist der Nagel gewissermaßen stillgelegt und kann das Kupfer nicht in den Wasserstrom des Baumes abgeben.

Nägel betreffen auch das zweite Missverständnis. Haben Sie Nistkästen in Ihrem Garten? Dann haben Sie vielleicht auch schon einmal den Hinweis erhalten, diese doch mit einem Drahtstift aus Aluminium zu befestigen. Selbst Naturschutzverbände raten zu einem solchen Vorgehen. Wenn Sie glauben, dass Aluminiumnägel dem Baum weniger schaden, so ist dies ein Irrtum. Ihm ist es völlig egal, ob das Material aus

Eisen, Stahl, Messing oder Aluminium ist. Die Ursache für diesen Tipp liegt bei Forstbetrieben, die ihre Motorsägen schonen wollen. Denn eines Tages werden die Befestigungen in den Stamm einwachsen und verschwinden. Wird später der Baum gefällt und just an der Stelle, wo der Nagel im Holz verborgen lauert, durchgesägt, so wird die Sägekette nicht beschädigt, da Aluminium vergleichsweise weich ist. Ein Stahlnagel dagegen würde die Kette so ramponieren, dass sie nicht weiter verwendet werden könnte.

Für Ihren Gartenbaum spielt die spätere Verwertung wohl kaum eine Rolle; sollten Sie allerdings mit dem Gedanken spielen, Ihre Obstbäume eines Tages zu verheizen, so wären tatsächlich Aluminiumnägel die bessere Wahl.

Die dritte Legende betrifft den Drehwuchs. Darunter versteht man spiralig um den Stammmittelpunkt verlaufende Holzfasern. Diese Drehung zeichnet sich auch auf der Rinde ab; in Extremfällen sieht der Stamm wie ein Handtuch aus, welches man zwischen den Händen auswringt. Das Merkmal wird erst bei älteren Bäumen sichtbar, weil sich Abweichungen im Faserverlauf mit jedem neuen Jahresring addieren.

Spiralförmig um den Stamm laufende Holzfasern sorgen für mehr Stabilität.

Die Legende behauptet, dass drehwüchsige Exemplare auf Wasseradern stehen oder von Erdstrahlen beeinflusst werden. Das rührt möglicherweise daher, dass solche Stammformen im Wald eher selten zu sehen sind.

Spiralförmig um den Stamm laufende Holzfasern erzeugen eine Wirkung ähnlich einer Stahlfeder: Sie bewirken eine bessere Biegsamkeit des Baumes, sodass er Sturmböen aushalten kann, ohne abzubrechen. Bäume, deren Fasern schnurgerade von unten nach oben verlaufen, werden bei Orkanen bevorzugt geknickt. Kein Wunder, dass sich in den Jahrmillionen der Evolution der Drehwuchs durchgesetzt hat.

Und dann kam der Mensch. Er sägte aus den Stämmen Bretter, und siehe da: Holz, welches von drehwüchsigen Bäumen stammte, verdrehte sich beim Trocknen, sodass die Bretter anschließend nicht zu gebrauchen waren. Daher achten die Förster seit Generationen darauf, solche Exemplare im Rahmen der Durchforstungen zu fällen mit der Folge, dass sie sich nicht mehr vermehren können. Zug um Zug verschwinden die unerwünschten Bäume und machen Platz für gerade Stämme, die sich einwandfrei verwerten lassen. Dass die Arten damit ein wichtiges Merkmal für ihre Stabilität verlieren, wurde bisher kaum registriert.

Im Garten dagegen spielt die Stammform eine untergeordnete Rolle. Achten Sie einmal auf alte Obst- und andere Garten- oder Parkbäume, wie etwa Rosskastanien: Da bei ihnen nie auf drehwuchsfreies Holz selektiert wurde, hat sich die Mehrheit diese wichtige Eigenschaft erhalten.

Drehwuchs ist also kein Hinweis auf Erdstrahlen oder Wasseradern, sondern auf eine unverfälschte Stammform.

Einwachsungen

Im tiefen Schwarzwald steht eine mächtige, alte Buche. Sie ist umringt von einem Steinkreis, davor laden Bänke zum Verweilen ein. Viele Touristen wandern alljährlich zu dem alten Riesen, allerdings weniger, um den großen Baum zu bewundern. Was sie hertreibt, ist eine Christusfigur, die bis auf den Kopf vollständig in den Stamm eingewachsen ist. Vor rund 100 Jahren wurde das Bildnis am Schaft befestigt und dann der Natur überlassen.

Um den Balzer Herrgott, wie das Wunderwerk nun genannt wird, zu erhalten, wird der Kopf regelmäßig vom überwallenden Holz befreit, wobei das Wundgewebe des Baumes allmählich eine Herzform angenommen hat. Ist das nicht rührend?

Ein anderer Fall: In unserem Garten hat der Vorbesitzer, ebenfalls Förster, eine Wäscheleine an einer Birke befestigt und sich dann nicht mehr um den Baum gekümmert. Das Resultat: Die Wäscheleine ist mittlerweile eingewachsen, die den Baum umgebende Schlaufe völlig im Holz verschwunden. Nur noch ein winziges Stück Leine ragt aus dem Holz, dort, wo ich sie abgeschnitten habe. Auf der Rinde zeichnet sich eine dünne Linie ab, ansonsten sieht der Stamm ganz normal aus. Ist das auch rührend?

Schauen wir uns einmal an, was solche Prozesse für einen Baum bedeuten. Er steht fest an Ort und Stelle, kann sich nicht fortbewegen. Was banal klingt, hat eine gravierende Auswirkung: Wenn sich im Verlaufe des Baumlebens etwas Ortsfestes neben ihn gesellt, so kann er nicht ausweichen. Schlimmer noch: Da der Stamm unaufhörlich dicker wird, stößt er irgendwann an das Hindernis. Aufhören zu wachsen kann er nicht, und so wird seine Rinde, sein empfindliches Kambium, immer fester zusammengequetscht. Wir dürfen annehmen, dass dies dem Baum Schmerzen bereitet. Winzige Insektenstiche rufen Abwehrreaktionen hervor, Sturmböen, die kleine Risse im Holz zur Folge haben, bewegen den Baum, den Stamm stabiler zu konstruieren. Das Zusammendrücken der Rinde durch ein Hindernis ist mindestens genau so heftig. Und da der Baum nicht anders kann, als dicker zu werden, wächst der Schaft an dem gequetschten Kambium und der Barriere vorbei. Ist das Objekt nicht zu groß, so schließt sich das Gewebe hinter ihm, da der Baum bemüht ist, wieder eine möglichst runde Stammform zu erhalten. Sinn ist der ungestörte Faserverlauf, den das Hindernis unterbrochen hat. In diesem Bereich ist der Stamm für die nächsten Jahre bruchanfällig, und dieses Risiko schwindet erst mit der vollständigen Überwallung des Fremdkörpers wieder allmählich.

Auf der Tafel vor dem Balzer Herrgott ist vom Schmerzensmann die Rede, den der Baum aufnimmt. In Wahrheit ist es eher umgekehrt. Besser wäre die Rede vom Schmerzensbaum.

Im ländlichen Raum, wo Wald und Feldflur miteinander verschmelzen, ist noch häufig eine besonders rücksichtslose Praxis festzustellen: Um sich Pfähle für den Zaun zu sparen, wird der Stacheldraht direkt an die angrenzenden Bäume genagelt. Das macht mich jedes Mal traurig und wütend, denn ihr Leiden ist schier unendlich. Zwar wächst der Draht an der Breitseite, wo er angenagelt ist, komplett ein, doch damit ist das Kapitel für den Baum noch lange nicht abgeschossen. Nach links und rechts ragt der stählerne Fremdkörper, dem Zaunverlauf folgend, fast endlos weit heraus, sodass eine vollständige Überwallung, ein Ende des Schmerzes und eine Rückkehr zur Normalität nicht mehr möglich sind.

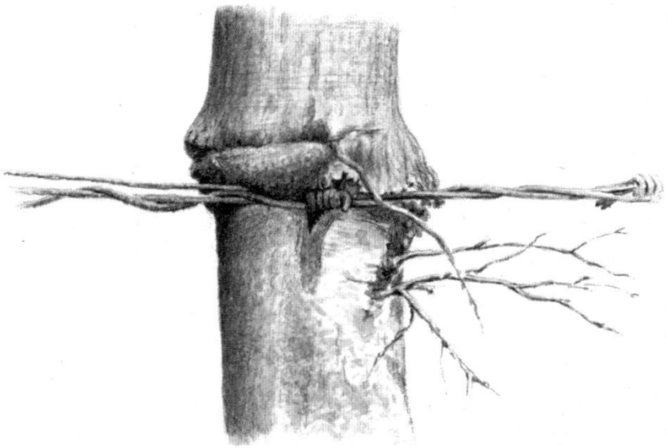

Besonders rücksichtslos ist die Praxis, Stacheldraht direkt am Baum festzunageln.

Im Porträt: die Rotbuche

Die Rotbuche *(Fagus silvatica)* ist der typische Waldbaum Mitteleuropas. Mit ihrer silbergrauen, bis ins Alter von 200 Jahren glatten Rinde ist sie sicher von anderen Arten unterscheidbar. Ihre Laubstreu ist für die Bodenorganismen gut bekömmlich, und so zaubern die Winzlinge zu Füßen der bis 50 Meter hohen Riesen einen guten Humus. Selbst ursprünglich karger Boden wird so im Laufe der Zeit sehr fruchtbar, hält gut die Feuchtigkeit und ermöglicht auch anderen Baumarten ein sehr gutes Wachstum. Dies brachte der Buche den liebevollen Spitznamen »Mutter des Waldes« ein.

Buchenwälder pendeln sich nach rund 500 Jahren in einem stabilen Gleichgewicht ein und verändern sich ab diesem Zeitpunkt kaum noch. Zwar stirbt hier und da einmal ein alter Baum ab und macht Platz für den Nachwuchs, sonst aber passiert kaum noch etwas. Hätte der Mensch nicht durch Rodungen ihre Ausbreitung gestoppt, so würde die Buche weiter langsam nach Norden wandern und dabei aktuell Südschweden erobern. Sie kann andere Baumarten verdrängen, da sie besonders viel Schatten erträgt und so unter Konkurrenten emporwächst, bis sie deren Krone durchdringt, sie überholt und ihnen dann mit ihren Blättern regelrecht das Licht ausknipst.

Junge und alte Bäume bilden über ihre Wurzeln ein echtes, untereinander verwachsenes Netzwerk aus, das der Nachrichtenübermittlung und dem Austausch von Nährstoffen dient. Wissenschaftler sprechen daher bei Buchenwäldern von einer Art Superorganismus. Und weil die Buche ein rechter Familienbaum ist, gehört sie zu den Nesthockern, braucht also als Sämling den Schutz ihrer Mutter.

Der kranke Baum

Die Krankheiten von Bäumen aufzuzählen oder gar zu beschreiben, würde eine ganze Bibliothek erfordern. Häufig ist es auch nicht nur ein Erreger, ein Insekt oder ein Pilz, sondern eine Kombination von Faktoren, die die pflanzlichen Riesen aus dem Gleichgewicht bringt. Wissenschaftler reden in diesem Fall gerne von einer Komplexkrankheit, was zu Deutsch nichts anderes bedeutet als: »Wir verstehen es nicht genau!« Und daher gibt es für Bäume in Ihrer Obhut kaum Behandlungsmöglichkeiten. Dennoch kann es nicht schaden zu wissen, wie es um sie steht.

Grundsätzlich befindet sich ein Baum im Gleichgewicht der Kräfte. Einen Teil seiner Energie steckt er ins Wachstum und in die Vermehrung, der andere Teil ist für die Abwehr von Krankheiten vorgesehen. Nun können Sie diese Balance unbeabsichtigt verschieben: Entfernen Sie beispielsweise einen Konkurrenten oder düngen Sie den Baum, sodass er besser wächst, so investiert er überproportional viel Kraft für einen Höhenschub (oder eine reiche Blüte) und hat entsprechend weniger Reserven für eine Infektionsabwehr. So kann es passieren, dass ausgerechnet die Maßnahmen, die Ihrem Baum helfen sollen, diesen schwächen. Daher ist es immer ratsam, Veränderungen behutsam anzugehen. So ist es besser, gleichmäßig, aber sparsam zu düngen oder die Konkurrenz durch andere Bäume vorsichtig aufzulösen, indem nur ein Nachbarbaum oder gar zunächst nur einzelne Äste entfernt werden.

Durst

Natürlich ist Durst keine Krankheit. Dennoch kann nicht gestillter Flüssigkeitsbedarf einen Baum so weit schwächen, dass er anschließend von Schadorganismen befallen wird. Wassermangel ist somit für jeden Baum ein ernsthaftes Problem, welches man ihm auch ansehen kann.

Die Gesamtmenge des Niederschlags ist bei Bäumen nicht identisch mit der verfügbaren Wassermenge. Haben Sie sich bei Regen schon einmal unter einen Baum gestellt? Es dauert eine ganze Weile, bis es durch das schützende Blätterdach tropft. Und genau bis zu diesem Zeitpunkt ist das Nass für den Baum nutzlos. Denn ein großer Teil des Wassers bleibt in Nadeln und Blättern hängen und verdunstet mit den nächsten Sonnenstrahlen. Erst ein länger anhaltender Regen oder ein besonders heftiger Schauer dringt bis zum Boden durch. Wachsen dort unten Kräuter, so müssen auch diese erst ausreichend bewässert worden sein, damit endlich der Wasserüberschuss die Erde durchfeuchten kann. Dieser »Interzeption« genannte Verlust kann über 40 Prozent betragen. Um den verbleibenden Rest zu den eigenen Wurzeln zu leiten, führen manche Arten, wie die Buche, durch steil aufgerichtete Kronenäste die Rinnsale zielgerichtet entlang des Stamms hinunter. Manchmal schießt derart viel Wasser herab, dass es am Stammfuß regelrecht schäumt.

Häufig reicht der Sommerniederschlag nicht aus, den Durst zu stillen. Dann heißt es, aus den über den Winter (in dem ja kein Wasser verbraucht wird) angelegten Reserven zu zehren.

Und wenn auch das nicht genug ist? Bäume haben ein besonders gutes Wassermanagement, viel besser als die Kräuter. Während Gärten und Wiesen in der Sommersonne verdorren, drosseln Bäume ihre Verdunstungsrate mithilfe der verschließbaren Spaltöffnungen an den Blättern drastisch und bleiben so grün. Dauert die Hitzewelle jedoch länger an, so müssen härtere Maßnahmen ergriffen werden: Ein Teil der Blätter wird abgeworfen. Rieselt also nach einer Trockenperiode Laub vom Baum, so leidet dieser starken Durst. Dass der Blattfall gezielt und nicht krankheitsbedingt geschieht, können Sie an folgenden Symptomen erkennen: Es wird nur ein Teil gelb (deutlich weniger als die Hälfte), und die verbleibenden behalten ihre grüne Farbe zur Gänze. Diese gelben Exemplare rieseln zu Boden, und sobald es wieder regnet, ist der Blattfall beendet. Bäume dagegen, die im Spätsommer bereits genügend Zucker getankt haben und dann schon einpacken, indem sie sich schon herbstlich verfärben, machen dies mit allen Blättern (allerdings nicht vor Ende August).

Natürlich bedeutet der Notabwurf eines Teils der Blätter eine Schwächung des Baums (die sich auch in einem besonders dünnen Jahresring niederschlägt), denn den Rest des Sommers stehen weniger Solarzellen zur Verfügung. Immerhin aber bleibt er so am Leben.

Bäume können den richtigen Umgang mit Wasser über viele Jahre hinweg durch Erfahrung lernen. So ist nachweisbar, dass Exemplare, die häufige Trockenperioden miterlebt haben, viel sparsamer mit dem lebenswichtigen Nass haushalten als solche, die diesbezüglich in Saus und Braus leben. In Trockenjahren sterben daher auch zuerst diejenigen Bäume ab, die ansonsten auf stets gut wasserversorgten Böden wachsen. Hunger- bzw. Durstkünstler hingegen, die sorgsam mit den knappen Vorräten umgehen, überstehen Jahre mit monatelanger Regenpause ohne Blessuren. Und die Verschwender werden manchmal fürs Leben gekennzeichnet. Gerade bei Bäumen mit hohem Wasserverbrauch kommt es relativ häufig vor, dass der Stamm in den Trockenphasen über mehrere Meter aufreißt. Was aussieht wie eine Blitzrinne, ist in Wahrheit die Quittung für die bisherige Unachtsamkeit.

Unterbrochener Saftfluss

In Bäumen herrscht ein ständiger Warenstrom: Wasser und Mineralien fließen im Holz (in den äußeren Jahresringen) zu der Krone nach oben, während Zucker und andere Köstlichkeiten von den Blättern durch die innere Rindenschicht nach unten transportiert werden. Schließlich müssen die Wurzeln und Pilze im Kellergeschoss versorgt werden. Dieser geteilte Transport ist übrigens auch der Grund dafür, warum geringelte Bäume oft erst nach Jahren absterben. Die brutale Methode, auf Seite 67 schon beschrieben, besteht in dem manschettenförmigen Entfernen der Rinde. Damit unterbricht man nicht, wie gemeinhin angenommen, den Wassertransport in die Blätter, denn der läuft ja weiter ungestört durchs Holz. Nein, die Wurzeln werden geschädigt, erhalten keine Nahrung mehr und können nun nur noch solange pumpen, wie die in ihnen gespeicherten Nährstoffreserven reichen. Stehen zwei befreundete Bäume einer Art nebeneinander, so kann sich der beschädigte Baum möglicherweise noch einmal retten. Er braucht einige Monate, um eine neue Rindenbrücke über die unterbrochene Stelle zu bilden, und wird solange von seinem Nachbarn über Wurzelverwachsungen mitversorgt.

Wenn der Saftfluss aus dem Takt gerät, ist aber in den meisten Fällen die Ursache bei Tieren oder Pilzen zu suchen. Dazu gilt folgende Regel: Jeder Feuchtigkeitsaustritt aus der Rinde, sei es Wasser oder Harz, ist immer ein Hinweis auf eine Erkrankung oder Verletzung. Denn grundsätzlich möchte kein Baum etwas von seinen Fotosyntheseprodukten abgeben. Viele Insekten würden sich nur zu gerne am zuckerhaltigen Saft laben. Daran werden sie jedoch durch Abwehrstoffe in der Rinde gehindert. Viele Nadelbäume ertränken die Invasoren regelrecht in Harz, welches sich aus dem Einbohrloch auf den kleinen Störenfried ergießt.

Ein kranker, schwacher Baum kann diese Abwehr nicht mehr aufrechterhalten. Wird er erfolgreich von Borkenkäfern befallen, so senden diese ein Duftsignal an ihre Artgenossen. Diese fliegen zu Hunderten zum Festmahl ein und besiegeln das Schicksal des Baums.

Für Sie ist der Unterschied erfolgreiche/erfolglose Abwehr bei Nadelbäumen gut festzustellen: Ist die Rinde mit kleinen Harztröpfchen besetzt, so hat der Baum die Attacke im wahrsten Sinne des Wortes erstickt. Sind hingegen millimetergroße Einbohrlöcher zu erkennen, rieselt feines Bohrmehl an der Borke herab, so bedeutet dies in 95 Prozent der Fälle das Todesurteil.

Schlappe Blätter

Unter einem Baum ist saftiges Grün in der Regel Mangelware – kein Wunder, dass sich viele Tiere weiter oben bedienen, so sie denn an die Kronen herankommen. Mal abgesehen von weidenden Kühen oder

Hirschen, die bis maximal zwei Meter Höhe von unten her Bäume beknabbern, müssen es schon geübte Kletterer oder Flieger sein, die zum Zuge kommen. Das Gros der Tierarten, die sich in den Baumkronen laben, stammt daher auch aus dem Reich der Insekten. Besonders auffällig sind die gallenbildenden Arten. Ihr Nachwuchs bringt das Laub dazu, hübsche runde oder tropfenförmige Gebilde hervorzubringen, in deren Innerem sich die Larve geschützt entwickeln und satt fressen kann. Verursacher sind Mücken oder Wespen, die allerdings den größten Teil ihres Lebens im Blatt verbringen. Sind Milben die Künstler, so wachsen den Blättern winzige, oft rot gefärbte Pickelchen. Stört Sie das? Der Baum lässt sich jedenfalls von den ungebetenen Gästen wenig beeindrucken und wächst gesund und munter weiter.

Problematischer sind die Bergleute unter den Insekten. Deren Larven sind so klein und platt, dass sie in den Blättern ein regelrechtes Gangsystem anlegen können. Dabei geht dem Baum eine große Fläche für die Fotosynthese verloren. Klassisches Beispiel ist die Kastanienminiermotte, die wohl aus Asien importiert worden ist. Einem gesunden Baum vermögen die hungrigen Fresser nichts anzuhaben, aber durch die Schwächung werden die Kastanien anfälliger für weitere Krankheiten.

Noch ruppiger gehen Eichenwickler mit den Bäumen um. Neben der namensgebenden Baumart bedienen sie sich durchaus auch an Vertretern anderer Spezies. Die grünen Falter legen manchmal so viele Eier ab, dass der schlüpfende Nachwuchs ganze Wälder kahl frisst. Der Kotfall der Millionen Raupen hört sich an wie ein rauschender Regenfall, ist jedoch etwas unappetitlicher. So steht der befallene Wald im Juni kahl da wie im Winter. Die Bäume treiben allerdings noch einmal aus und nehmen keinen dauerhaften Schaden. Lediglich ein besonders dünner Jahresring zeigt einem späteren Nutzer des Stamms an, dass dereinst ein Massenbefall vorgelegen hat.

Wenn alle Blätter oder Nadeln gleichzeitig welken, ist dagegen endgültig Schluss. Egal ob Pilze oder Insekten die Übeltäter sind, solch ein Zeichen kündet immer vom Zusammenbruch aller Systeme in einem Baum.

Trockene Äste

Wenn der Baum in die Höhe wächst und oben Jahr für Jahr neue Zweige bildet, verdunkelt er damit automatisch die unteren, älteren Äste. Sterben diese ab, ist das ein ganz normaler Vorgang. Ein Alarmzeichen erster Güte ist es hingegen immer, wenn sich oben im Baum Äste verabschieden. Hier ist die vitalste Zone, hier brummt das Wachstum. Im Gegensatz zu den unteren absterbenden Ästen, die häufig recht dick sind (weil schon viele Jahre am Baum), wird beim kranken Baum zunächst feinstes Kronenreisig dürr. Erst wenn ein dickerer Ast auf diese Weise alle dünnen Verzweigungen losgeworden ist, verabschiedet er sich anschließend selbst. Mächtige Totäste in der Krone zeigen, dass dieser Prozess schon lange im Gang ist.

Gerade Laubbäume reagieren im Krankheitsfall häufig mit einem regelrechten Rückbau des Obergeschosses. Die höchsten, abgestorbenen Äste werden im nächsten Sturmwind davongeblasen, sodass der Baum zwar ein wenig kürzer als vorher ist, aber wieder gesünder aussieht. Ein trügerisches Bild, welches den wahren Zustand verschleiert. Im folgenden Jahr geht das Spiel weiter: Hohe Kronenäste sterben ab und werden mit den Winterstürmen heruntergeweht. Über die Jahrzehnte sinkt die Wipfelhöhe immer tiefer herab, bis das Verhältnis von Krone zu Stamm und Wurzeln so ungünstig wird, dass der Baum verhungert.

Absterbende Zweige im oberen Bereich können viele Ursachen haben. Bei Gartenbäumen lauert das Verderben oft in verborgenen Bodenschichten. Ein Blick auf die Vorgeschichte des Baugrundstücks deckt das Problem auf: Hat man hier früher Schutt abgeladen, stand hier einmal ein anderes Gebäude, dessen Reste mit Erdaushub bedeckt wurden? In diesem Fall erleidet der Baum einen regelrechten Schock, sobald seine Wurzeln die Schuttschicht erreichen. Schadstoffe, Hohlräume oder Betonbrocken lassen jeden Versuch scheitern, weiterzuwachsen. Und im gleichen Maße, wie im Kellergeschoss die Wurzeln leiden, zieht sich die Krone erschrocken aus der erreichten Höhe zurück.

Viel häufiger liegt der Auslöser jedoch in der Luftverschmutzung. Paradoxerweise betreffen die Folgen besonders oft Bäume in sogenannten Reinluftgebieten. Der Grund: Autoabgase enthalten Stickoxide, die sich unter UV-Einstrahlung zu giftigem Ozon aufspalten. Dieses Ozon reagiert wieder mit Abgasen des Straßenverkehrs, wird also am Ort der Ursache unschädlich gemacht. Werden die Schadstoffe mit dem Wind hinaus aufs Land getragen, so bleibt das entstehende Ozon in dieser sauberen Luft tagelang stabil. Und schädigt dort die Blätter und empfindlichen Zweige der Wipfel, die wie Antennen die Verschmutzung registrieren. Wenige ozonreiche Tage im Jahr kann jeder Baum aushalten. Dauerhafte Ozonduschen, wie sie typischerweise in Schönwetterperioden des Hochsommers auftreten, lassen die oberen Kronenbereiche jedoch vorzeitig welken.

Schlagartig dürr werdende große Äste können nur zwei Ursachen haben: Entweder weisen sie auf einen Bruch hin (und dann hängen sie deutlich herunter) oder der Baum kämpft mit einer massiven Infektion.

Bei Obstbäumen ist dies beispielsweise der Feuerbrand, eine eingeschleppte bakterielle Erkrankung. Die betroffenen Partien von Apfel- oder Birnbäumen sterben ab, das Laub hängt braun und vertrocknet an den verkrümmten Zweigen. Abhilfe ist kaum möglich, und rasch springt der Erreger von einem Baum zum anderen. Hier kann, wenn überhaupt, nur der ansonsten kritisierte radikale Rückschnitt helfen.

Bestimmte Sorten sind besonders anfällig, andere scheinen resistent zu sein. Sorten? Wir erinnern uns: Jedes Obstbäumchen einer Sorte gehört zu einem einzigen Ursprungsbaum, ist ein Ableger derselben Pflanze. Wenn nun etwa die Apfelsorte Cox Orange bevorzugt infiziert wird, so wird streng genommen ein einziger Baum Cox Orange mit all seinen auf Zehntausenden Unterlagen veredelten Zweigen befallen. Genau dies ist auch der Grund für die Anfälligkeit. Denn Bäume mit ihren langen Vermehrungsgängen, mit ihren großen Abständen von Generation zu Generation, setzen auf eine breite genetische Streuung. Und die hat man den Apfelbäumen durch das Veredelungsverfahren genommen, indem nur wenige Bäume ganze Landschaften bevölkern, künstlich »auseinandergezogen« infolge der Verbreitung ihrer Zweige als Pfropfreiser. Das ist auch nachvollziehbar, will man doch als Käufer genau wissen, welchen Geschmack, welchen Ertrag das neue Gartenmitglied bereithält. Unter der geringen Anzahl an Bäumen, die so gesehen im Obstanbau noch vorhanden sind, gibt es aber immerhin

Je geringer die Vielfalt bei den Obstarten ist, umso mehr können sich Baumkrankheiten verbreiten.

einige resistente, wie den Rheinischen Bohnapfel, dem der Feuerbrand kaum schaden kann. Standen von Wildapfel und Wildbirne einst Hunderttausende Exemplare mit einer ebenso variantenreichen Gen-Ausstattung zur Verfügung, so sind es bei den veredelten Zuchtsorten streng genommen nur noch wenige Hundert. Umso wichtiger ist es, die Sortenvielfalt zu erhalten, will man auch künftig auf Überraschungen reagieren können. Und das ist auch meine persönliche Empfehlung an Sie: Setzen Sie, falls der Garten groß genug ist, auf eine Auswahl verschiedenster Obstbäume. Da alle Kern- und Steinobstarten zu den Rosengewächsen zählen (und damit für ähnliche Krankheitserreger anfällig sind), sollten auch Walnüsse, Esskastanien oder exotische, aber robuste Gehölze wie die Indianerbanane *(Asimina triloba)* in die engere Wahl kommen.

Sonnenbrand

Sonne ist für Bäume grundsätzlich kein Problem, ganz im Gegenteil. Schließlich sind ihre Strahlen für den Baum das, was für Sie das tägliche Brot ist.

Nun sind Bäume aber auch behäbig, reagieren sehr langsam und mögen keine Veränderungen. Sie richten sich auf ihrem Standort häuslich ein und erwarten, dass die Lebensumstände sich nicht mehr verändern. In einem Urwald wäre das auch so, aber den gibt es nun mal nicht mehr. Egal, ob Garten oder Wald, überall wirtschaftet der Mensch. Und den haben Bäume nicht eingeplant. So ist es für sie eine völlige Überraschung, wenn eines Tages der Nachbar gefällt wird. Der Eigentümer tut dies vielleicht in gutem Glauben, dem verbleibenden Baum ein wenig Licht und Platz zu verschaffen. Tatsächlich aber verschlechtern sich zumindest vorrübergehend dessen Bedingungen. Er steht nun, ganz wie beabsichtigt, in der vollen Sonne. Und leidet. Denn seine Haut, die Rinde, verträgt die ungefilterte UV-Strahlung nicht. Die Folgen sind ähnlich wie bei den Flugtouristen, die bleich wie Grottenolme gleich am ersten Tag an den Strand stürzen. Sie finden abends, rotverbrannt im Bett liegend, keinen Schlaf mehr.

Auch Bäume bekommen Sonnenbrand. Da die Haut, die Rinde, sich nicht verfärbt, können wir die Diagnose erst stellen, wenn die Borke vom Stamm abplatzt. Autsch! Im Gegensatz zu uns Menschen laborieren Bäume lebenslänglich an den Folgen. Denn die abblätternde Haut legt den empfindlichen Holzkörper frei, woraufhin sich freudig Pilze auf das frische Angebot stürzen. Bis die Wunde überwallt ist, vergehen oft Jahrzehnte. Ist dann endlich alles wieder verschlossen, so fault das Stamminnere dennoch ungebremst weiter.

Bäume sind nicht grundsätzlich sonnenbrandgefährdet. Stehen sie von Anfang an frei, so bildet sich eine besonders harte Rinde, der die UV-Strahlung nichts anhaben kann. Lediglich junge Obstbäume sind ein wenig verweichlicht, da deren Unterlage (quasi der Trägerbaum für das Edelreis) in der warmen Wintersonne manchmal aufreißt. Aus diesem Grund wird der Stamm gekalkt, also mit einer Sonnenmilch für die Rinde angestrichen.

Mit den Blättern ist es ähnlich. Stehen Bäume im Schatten anderer, so bekommen sie deutlich weniger Licht ab. Das normale Laub kann unter solchen Umständen nicht genügend Zucker produzieren. Daher werden spezielle Schattenblätter bzw. Schattennadeln gebildet, die viel zarter und damit viel lichtempfindlicher sind. Selbst mit nur drei Prozent Restlicht können Bäume dann noch überleben, allerdings ohne nennenswertes Wachstum (ein echtes Schattendasein eben).

Macht man nun einem solchen Exemplar ordentlich Licht, indem Nachbarn gefällt werden, so verbrennt das Laub und wird gelb. Rund drei Jahre braucht es, bis der Baum sich von diesem Schock erholt hat und derbere Blätter bildet.

Möchten Sie also einem Baum mehr Platz gönnen, so gehen Sie behutsam und in kleinen Schritten vor. Sollen mehrere andere Exemplare weichen, so entfernen Sie zunächst nur eines, oder gar nur die störenden Nebenäste. Wenn es nach und nach mehr Licht gibt, kann sich der Baum allmählich umstellen und neben robusten Blättern auch eine härtere Rinde bilden.

Dicke Füße

Manch älterer Baum fängt mit den Jahren an, den ersten Meter des Stamms aufzublähen. Er nimmt wesentlich rascher an Durchmesser zu als der restliche Teil, sodass sich eine flaschenförmige Wuchsform ergibt. Ursache dieses merkwürdigen Verhaltens ist ein Wettrennen: Durch eine Verletzung oder einen dicken, abgestorbenen Ast drangen einst Pilze ein, die den Baum allmählich von innen her auffressen. Wachsen sie schneller, als der Baum außen neue Jahresringe zulegen kann, so erreichen sie irgendwann die Rinde, und der Baum bricht ab. So einfach geben sich die Riesen aber nicht geschlagen. Sie spüren, dass tief drinnen ein ungebetener Gast ihre Stabilität bedroht, und machen noch einmal richtig Dampf. Sie produzieren in den betroffenen Bereichen bevorzugt Holz mit der Folge, dass die Jahresringe dort wesentlich breiter werden. Häufig gelingt der Kraftakt, sodass sich der Fäulnisfortschritt und die Bildung gesunden Holzes zumindest die Waage halten. Der Baum ist somit nicht aus dem Gleichgewicht zu bringen; der Preis ist eine Auftreibung im Stammfuß.

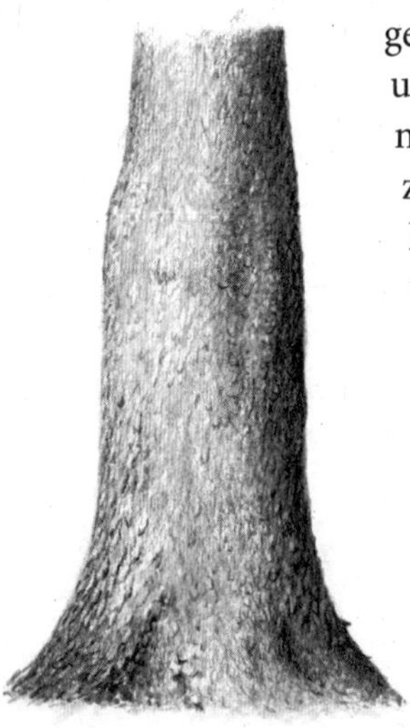

Der flaschenförmige Wuchs zeigt, dass im Innern des Stamms schädliche Pilze aktiv sind.

Sturmschaden

Ich erinnere mich noch gut an das Jahr 1990. Es war Ende Februar, als die beiden Sturmtiefs Vivian und Wiebke über Deutschland hinweg tobten. Ich lag mit einer dicken Grippe auf dem Wohnzimmersofa und schaute hinaus in das kleine Bachtal vor dem Haus unserer damaligen Mietwohnung, als eine besonders heftige Orkanböe über den Hügelkamm fegte. Innerhalb einer Sekunde klappte der einzige Apfelbaum, der am Bach wuchs, wie ein Regenschirm zusammen und fiel zu Boden. Gleichzeitig knickten am Waldrand weiter oben Tausende von Fichten ab, ein erschreckendes Bild.

Gegen solche Urgewalten kann man nichts machen, aber die meisten Bäume halten grundsätzlich heftigen Winden stand. Zwischen Umfallen und Unversehrtheit gibt es jedoch eine ganze Reihe von Abstufungen. Die Frage ist nur, welche Blessuren ein Baum verkraften kann und bei welchen er auf Dauer keine Chance mehr hat.

Eine häufige Folge bei Gartenbäumen ist der Bruch großer Äste. Abgesehen davon, dass dem Baum nun erhebliche Teile der grünen Krone fehlen (und damit auch entsprechend viel Zucker), dringen an den Verletzungen auch Pilze ein. Wollen Sie Ihrem Baum helfen, die Wunde schneller zu überwallen, so können Sie die Bruchstelle glatt absägen und dadurch verkleinern. Aber selbst wenn die ganze Krone fehlt, so muss das, je nach Art, nicht das Ende des Baumes bedeuten. Speziell Laubbäume, aber auch Thujen, Lärchen oder Douglasien lassen im kommenden Sommer aus dem Stamm neue Äste sprießen, die nach und nach eine neue, allerdings sehr kleine Krone bilden können. Motor für diese Erholung ist das Wurzelsystem, welches für den kläglichen Rest jetzt viel zu groß ist und entsprechend viele Reserven hat. Ob der Baum jemals dauerhaft genesen kann, hängt von der Geschwindigkeit des Astwachstums ab. Geht dieses flott vonstatten, so ist er bald wieder vital und widerstandsfähig. Kümmern und mickern dagegen einige wenige Ästchen am Stamm, so reichen diese nicht aus, den großen Holzkörper und das Wurzelsystem zu ernähren. In der Folge sterben Teile der Rinde ab und fallen herunter, Pilze besiedeln das offene Holz, und der Verfall ist nicht mehr aufzuhalten.

Der einzige Vorteil ist, dass von dem verkürzten Baum kaum noch eine Gefahr durch Umstürzen ausgeht, da die Hebelkräfte deutlich geringer geworden sind. Daher sollten Sie, falls einer Ihrer Gartenbäume von diesem Schicksal ereilt wird, diesen ruhig stehen lassen. Denn des einen Leid ist der anderen Freud: Viele Insekten und mit ihnen Vögel sind auf sterbende Bäume als Lebensraum angewiesen.

Eine weitere Folge des Sturms kann ein Schiefstand sein. Dazu müssen Sie Ihre Exemplare allerdings genau kennen, denn etliche sind ja ohnehin nicht besonders gerade. Wenn nach einem Orkan ein Baum auch nur wenige Zentimeter zur Seite gedrückt bleibt, so kann es gefährlich werden, denn möglicherweise hat er teilweise den Bodenkontakt verloren. Ob dies so ist, verrät ein Gang um den Baum. Laufen Sie den Bereich unterhalb der Krone ab, sodass Sie überall einmal auf den Boden über den Wurzeln treten. Sinken Sie irgendwo um einige Zentimeter ein, oder ist das Erdreich plötzlich ungewöhnlich federnd? Das sind klare Hinweise auf losgerissene Verankerungen. Steht im Umkreis des Baumes ein Haus oder sonstige gefährdete Einrichtungen, so sollten Sie ihn fällen lassen. Nun könnte man einwenden, dass der Baum ja schließlich den starken Sturm überstanden hat und daher wohl bei schwächeren Winden kein Risiko darstelle. Weit gefehlt, denn es muss bloß eine Böe aus einer etwas anderen Richtung durch die Krone rauschen, und schon kippt der angeschlagene Koloss.

Ist im Fallbereich um den Baum kein gefährdetes Objekt, so können Sie versuchen, ihn zu retten. Dazu muss der Stamm entlastet werden, und das geht nur, indem besonders lange und dicke Kronenäste, die in die Richtung der Schiefstellung ragen, gekappt werden. Solange sie nicht dicht am Schaft abgesägt werden, hält sich die Gefährdung durch Pilze in Grenzen. Schon ein Rückschnitt um wenige Meter kann den Baum entscheidend entlasten. Da diese Arbeit sehr gefährlich ist, empfiehlt es sich, eine Fachfirma hinzuzuziehen. Gute Baumpfleger schneiden die Krone so zurück, dass sie weiterhin ästhetisch wirkt und gut funktioniert.

Diese Maßnahme gibt dem Baum viele Jahre Zeit, um sich auf der losen Seite wieder fest zu verwurzeln.

Rettungsversuche sind bei der letzten Art von Schaden zwecklos: dem Stammriss. Oft werden Zwiesel oder bananenförmig gewachsene

Bei orkanartigen Stürmen sind vor allem Nadelbäume bedroht.

Stämme von diesem Schicksal ereilt, und der Sturm lässt sie mit meterlangen Spalten zurück.

Orkane treten häufig im Winterhalbjahr auf, wenn die Bäume friedlich schlummern. Reißt in dieser Zeit der Schaft, so kommt das endgültige Ende meist während des Sommers. Der Baum ist nun in vollem Blätterschmuck, und wenn ein heftiger Gewitterregen niedergeht, so wird das Laub mit Hunderten Liter Wasser belastet. Das hält der geschädigte Stamm nicht mehr aus, und der Baum bricht vollends auseinander. Gerade in Hausnähe sollten Sie das Risiko nicht eingehen, sodass ein Stammriss leider auch das endgültige Aus für einen Gartenbaum bedeutet.

Krebs

Das Schreckgespenst Krebs treibt auch unter Bäumen sein Unwesen. Während es beim Menschen eine Vielzahl von Auslösefaktoren gibt, lassen sich bei Bäumen in 99 Prozent der Fälle Pilze als Ursache festmachen. Aber auch im Reich der Pflanzen gilt: Die Vorgeschichte spielt die entscheidende Rolle. Ein ausgeglichener Baum, der genug Licht und Platz hat, dessen Umfeld intakt ist und dessen Wurzeln in einem optimalen Boden verankert sind, kann kaum erkranken. Denn die auslösenden Pilze können nur über Wunden eindringen und ihr zerstörerisches Werk erst dann entfalten, wenn der Baum den infizierten Bereich nicht rasch überwallen und abkapseln kann. Es ist also der altbekannte Wettlauf, der mit dem Eintreffen der Erreger startet.

Die Infektion beginnt oft im Herbst, wenn der Baum sich zur Winterruhe begibt und keine Reaktionsmöglichkeiten mehr hat. Gleich im Frühjahr bemerkt er den Befall und bildet verstärkt Gewebe um die Wunde. Manchmal gelingt es dem Pilz, dieses Überwallungsgewebe zu überspringen, sodass der Baum hastig eine zweite Verteidigungslinie mit neuen Zellwucherungen errichtet. Ist er geschwächt, wiederholt sich das Spiel wieder und wieder, mit der Folge, dass im Laufe der Jahre ein riesiger Krebsknoten entsteht, in dessen Inneren der Pilz wütet. Das Holz weist einen wirren Faserverlauf auf, zudem ist es im

Inneren angefault. Oft nässt die Wunde (bei Nadelbäumen harzt sie stark) und zeigt schon von Weitem die Krankheit an.

Das Fatale für den Baum ist der Verlust der Stabilität. Denn das Krebsgeschwür gleicht einer Sollbruchstelle; hier kann der Stamm bei einem heftigen Sturm brechen und das Baumleben beenden.

Manchmal beginnt ein solcher Krebs an einem Ast, der im angegriffenen Bereich ebenfalls ein Geschwür bildet. Sägen Sie diesen ab und verbrennen/entsorgen ihn, damit nicht eines Tages auch der Stamm infiziert wird. Hat es diesen erwischt, so kommt es auf rasches Handeln an. Gelingt es Ihnen, das befallene Gewebe herauszuschneiden, so kann der Baum die Wunde möglicherweise noch einmal gesund überwallen. Streichen Sie die Wundfläche unmittelbar nach dem Schnitt mit Verschlussmittel ein, um den Baum nicht durch eine »normale« Fäule doch noch zu verlieren. Ist der Krebs jedoch schon so groß, dass er sich tief in und um den Stamm eingefressen hat, ist das Geschwulst bereits über ein Drittel des Stammdurchmessers gewandert, so können Sie nicht mehr viel für den Baum tun. Stärken Sie seine Abwehrkräfte, indem Sie das Herbstlaub zu seinen Füßen belassen, wässern Sie ihn in extremen Trockenperioden, und unterlassen Sie Astschnitte (außer bei befallenen Teilen). Eines Tages, wenn die Wunde offen ist und nässt, wenn die Fäule zu weit fortgeschritten ist, wird aus Sicherheitsgründen die Fällung als letzter Schritt unvermeidlich.

Streusalz

Obwohl das Klima sich verändert und es immer wärmer wird, kommen doch harte, schneereiche Winter regelmäßig vor. Um die Straßen und Gehwege frei zu halten, werden bundesweit je nach Witterung über 3 Millionen Tonnen Salz eingesetzt. Salz, welches zwar mit großem Aufwand maschinell ausgebracht wird, aber anschließend »vergessen« wird. Denn mit dem tauenden Schnee löst es sich auf und ist nicht mehr einzufangen. Solange die Schmelzwässer in die Kanalisation gelangen, stellt das Taumittel kein Problem dar, da es mit Regenwasser ausreichend verdünnt wird, bevor es die Flüsse erreicht. Das Salz jedoch, welches über die Straße hinaus in die Böschungen und Bankette geschleudert wird, welches durch die von den Fahrzeugen aufgewirbelte Gischt in die Vegetation gelangt oder mit dem abfließenden Tauwasser der gestreuten Gehwege das Erdreich kontaminiert, bedroht die straßennahen Bäume.

Um die Gefahr einzuschätzen, müssen wir noch einmal einen Blick auf die Wurzeln werfen. Das watteartige Geflecht von Pilzen und Feinwurzeln kann Feuchtigkeit aufsaugen, weil im Inneren des Gewebes eine höhere Konzentration an Nährsalzen und Zuckerlösung ist als im Bodenwasser. Diese höhere Konzentration wirkt wie ein Magnet und zieht das Wasser förmlich durch die Zellwände in die Wurzeln. Wird nun durch das Streusalz das Nass im Erdreich unnatürlich hoch angereichert, so kehrt sich der Vorgang um: Feuchtigkeit wird aus den Wurzeln abgezogen. Das kennen Sie vielleicht aus dem Haushalt, wo das Tafelsalz die Luftfeuchtigkeit aufsaugt, bis es klumpt. Für den Baum wird es nun brenzlig: Er beginnt zu verdursten. Fällt rechtzeitig ein ergiebiger Regen oder kommt über die Schneeschmelze ausreichend Tauwasser zusammen, so verdünnt sich die Brühe so weit, dass sich die Abläufe wieder normalisieren und sich der Baum erholen kann. Ist die Salzmenge aber zu groß, so stirbt er. Äußerlich macht sich ein Salzschaden mit denselben Anzeichen bemerkbar wie ein Vertrocknen, und streng genommen ist es auch dasselbe Phänomen. Die Blätter und Nadeln vergilben im darauf folgenden Sommer, dünnere Zweige verdorren, und kommt der Baum noch einmal davon, so sieht er anschließend ein wenig gerupft aus. Steht einer Ihrer Gartenbäume im gefährdeten Bereich, so kann bei einem trockenen Frühjahr ein Wässern des Wurzelbereichs mit dem Gartenschlauch das Schlimmste verhindern. Besser wäre es natürlich, Sie könnten auf einen Austausch des Salzes gegen Splitt hinwirken.

Menschengemachte Gefahren

Schon immer haben Menschen den Wald genutzt. In den letzten Jahrzehnten ist der Druck durch die steigende Bevölkerung jedoch so gewachsen, dass das Verschwinden der Urwälder nur noch eine Frage der Zeit scheint. Zusätzlich verändern wir die Umwelt und das Klima dermaßen, dass sich die Lebensbedingungen der Bäume grundlegend ändern. Wenn wir uns mit diesen Wesen beschäftigen, die unser Leben begleiten und sehr alt werden, so stellt sich die Frage, ob sie die rasanten Veränderungen ertragen können.

Jagd

Die Jagd ist in den deutschsprachigen Ländern eine Tragödie. Dabei hätte alles ganz anders kommen können. Für die Revolutionäre des Jahres 1848, der Wiege der Demokratie, war eines der Ziele, das Jagdrecht des Adels auf dem Grund und Boden der Bauern abzuschaffen. Stattdessen sollte jeder Landeigentümer auf seiner Scholle selbst zur Büchse greifen dürfen. Die mittelalterlichen Feudaljagden sollten der Vergangenheit angehören; die völlig überhöhten Wildbestände, nur zu des Adels Vergnügen herangezogen, durften endlich wieder reduziert werden.

Das erkämpfte Glück währte allerdings nur kurz. Schon nach wenigen Jahren wurden Gesetze erlassen, die die Jagd nur noch in Revieren von rund einem Quadratkilometer Größe zuließen. Das Zupachten von Jagdflächen konnten sich die Bauern nicht leisten, und in kürzester Zeit war die Jagd wieder in den alten Händen: denen des Adels.

Hinzu kam ab 1900 die Trophäenjagd. Interessant sind seit diesem Zeitpunkt imposante Geweihe von Rehen und Hirschen sowie die Eckzähne von Wildschweinen, die auf jährlichen Schauen bewertet werden. Um rein statistisch gesehen in jedem Jahr einen kapitalen Rehbock, einen prächtigen Hirsch oder eine dicke Wildsau zu schießen, braucht man einen Bestand von rund 100 Tieren je Art.

Und hier kommt nun der Wald wieder ins Spiel. Von Natur aus springt nur ein Reh je Quadratkilometer durchs Gehölz, Hirsche und Wildschweine sind noch seltenere Gäste unter alten Buchen und Eichen. Hat nun ein Jäger zwei bis drei Quadratkilometer Landschaft zur Jagd gepachtet, so würde er bei natürlichen Wilddichten kaum jemals zum Schuss kommen, von stattlichen Trophäen für die heimische Wohnzimmerwand ganz zu schweigen. Also werden die Wildbestände durch Fütterung und das Schonen der weiblichen Tiere erhöht. Mit Erfolg: Im Durchschnitt streifen nun 30 bis 50 Rehe je Quadratkilometer durch die Wälder, zu denen sich noch 10 bis 20 Wildschweine sowie, je nach Region, 10 Hirsche dazugesellen. Das ist 50 bis 100 Mal mehr, als die Natur vorgesehen hatte. Wölfe und Luchse haben die Grünröcke schon vor Jahrhunderten ausgerottet, und deren Rückkehr verhindern sie mithilfe von illegalen Abschüssen.

Dass diese Art der Jagdausübung mehr einer Viehhaltung gleicht, mag ein Blick auf die Fütterungen im Wald verdeutlichen: Mais, Hafer, Äpfel, Brotabfälle oder sogar Pralinen, die durch die Qualitätskontrollen der Hersteller gefallen sind, werden den hungrigen Heerscharen angeboten. Selbst die harmlos wirkenden Futterkrippen mit Heu greifen störend in das natürliche Gleichgewicht ein und erhöhen die Population. Mit den Mengen, die die Grünröcke in den Wald karren, ließen sich die Tiere auch problemlos im Stall halten. Nach außen stimmen die Jäger aber in den Klagechor ein, der sich über Wildschweine sowie deren Schäden in den Vorgärten und Weinbergen beschwert. Als offizielle Ursache werden gerne der Klimawandel mit den milden Wintern und die Landwirte mit ihrem Maisanbau zitiert.

Auch Rehe und Hirsche werden bestens versorgt, sodass ihre Zahl nicht abnimmt. Das verdeutlicht die amtliche Statistik der Wildunfälle, nach denen mehr Rehe durch den Straßenverkehr getötet werden, als es insgesamt in der Natur überhaupt geben dürfte.

Dieses Treiben hat gravierende Einflüsse auf die Bäume. Denn im ausgehenden Winter haben Rehe und Co. unbändigen Hunger. Was paradox klingt, hat eine wissenschaftliche Erklärung: Normalerweise ruhen die Pflanzenfresser im klirrenden Frost, senken sogar ihre Körpertemperatur teilweise unter 20 Grad ab. Werden die Tiere nun gefüttert, so steigt die Temperatur durch die Verdauungsvorgänge wieder an, und die Stoffwechselrate geht steil nach oben. Futter sorgt also für Hunger – für ein Reh bedeutet dies, dass es täglich bis zu anderthalb Kilogramm seiner Lieblingsspeise aufnehmen muss. Und das sind Laubbaumknospen. Besonders bequem erreicht es diese bei niedrigen Bäumchen, am dicksten und nahrhaftesten ist die Gipfelknospe. Und mit deren Abbeißen ist der kleine Baum zerstört.

Was bei einem Reh pro Quadratkilometer kein Problem ist, ist bei 50 und mehr Tieren eine Katastrophe. Ratzekahl werden alle Baumkindergärten gefressen, sodass sich viele Laubwälder in Deutschland nicht mehr natürlich vermehren können. Zäune im Wald, hinter denen Eichen- oder Buchenpflanzungen vor den hungrigen Pflanzenfressern geschützt werden, künden von diesem Zustand. Als Abhilfe, um überhaupt noch Wald zu erhalten, wurden seit 100 Jahren zunehmend Nadelhölzer angepflanzt. Sie sind die Brennnesseln und Disteln des Waldes, schmecken den Wildtieren nicht.

Seit Jahrmillionen wuchsen unsere heimischen Baumarten ohne eine Gefährdung durch Pflanzenfresser heran. Bestes Indiz dafür ist das Fehlen von Giften, von Dornen oder anderen Abwehrmitteln. Steppenpflanzen hingegen, wie Schwarzdorn, Rosen oder Fingerhut, wissen sich mit diesen Hilfsmitteln zu wehren. Der massive Ansturm von Fressfeinden überfordert die Anpassungsfähigkeit von Bäumen – ihre Langlebigkeit, ihre Generationenfolge in großen Abständen wird ihnen in Bezug auf solche Veränderungen zum Verhängnis.

Zwar schreiben die Gesetze mittlerweile eine Reduzierung der Wildbestände vor, sind Wolf und Luchs strengstens geschützt – es hält sich in Wald und Flur jedoch kaum ein Jäger daran. Die behördliche Aufsicht ist lasch, die Sanktionen lax, und so bleibt nur die Hoffnung auf die Zukunft, in der Raubtiere wieder das Zepter der Kontrolle übernehmen. Ein Sprichwort aus dem alten Russland bringt es auf den Punkt: Wo der Wolf geht, wächst der Wald.

Einwanderer

Ein großer Teil unserer Wälder hat bereits einschneidende Veränderungen erfahren. Genauer gesagt sind es die Bäume, die unter naturfernen Bedingungen wachsen. Denn rund zwei Drittel gehören der Gruppe der Nadelbäume an – und die hat es in Mitteleuropa bis auf wenige Ausnahmen nicht gegeben.

In ehemalige Laubbaumareale gepflanzt, steht nun die Nadelplantage und kränkelt vor sich hin. Denn nur mit Bäumen kann man noch keinen Wald konstruieren. Wie wir in den vorangegangenen Kapiteln besprochen haben, gehört zu diesem komplexen Ökosystem eine ganze Reihe anderer Organismen, von Pilzen und Bakterien über Springschwänze und Milben bis hin zu Vögeln und Säugetieren. Wie wichtig das Umfeld für gesunde Bäume sein kann, mag ein abstrus klingendes Beispiel aus Nordamerika demonstrieren: An der Westküste Kanadas untersuchten Wissenschaftler mit gentechnischen Methoden das Holz alter Koniferen. Zu ihrer Überraschung stießen sie auf Moleküle, die eindeutig von Lachsen stammten. Wie nur gelangten Lachse in den Baum? Des Rätsels Lösung war die örtliche Bärenpopulation. Die Tiere fangen in jedem Herbst die aufsteigenden Lachse aus den Gebirgsflüssen und fressen sich mit den fetten Fischen eine dicke Speckschicht für den nahenden Winter an. Und wie das so ist, wenn man sich den Bauch vollschlägt, irgendwann muss auch ein Bär mal auf die Toilette. Und zwar im Wald. Das große Geschäft, überwiegend aus verdautem Lachs bestehend, ist Nahrungsgrundlage für Bodenorganismen, von deren Hinterlassenschaften sich wiederum die Bäume ernähren. Über die Jahre sammeln sich nennenswerte Mengen dieses Naturdüngers an, sodass man heute davon ausgeht, dass die Lachsvorkommen für etliche Westküstenwälder überlebenswichtig sind.

Nun zurück zu unseren Nadelbäumen. Sie wachsen hier fern der natürlichen Heimat, in einem fremden Ökosystem. Vieles ist noch unerforscht, aber wir dürfen vermuten, dass hier einiges von dem fehlt, was die importierten Bäume brauchen. Schauen Sie einmal unter Fichten nach, wie dort der Boden aussieht. In etlichen Fällen ist er braun, nur bedeckt mit alten, herabgefallenen Nadeln. Offensichtlich interessieren sich die heimischen Bodenlebewesen nicht für diese exotische Nahrung, die ziemlich sauer ist.

Einige Mitbringsel hatten Fichten und Co. aber dennoch im Gepäck. Eines davon ist die Rote Waldameise. Die Tiere werden vielerorts liebevoll geschützt, indem man Drahthauben über den Haufen installiert, um ihn vor Zerstörung zu bewahren. Dabei können Sie selbst leicht nachvollziehen, wieso diese Art keine einheimische ist: Haben Sie schon einmal einen Ameisenhaufen aus Blättern gesehen? Nein? Mitteleuropa ist Laubwaldgebiet; wäre die Art hier heimisch, so müsste sie ihre Hügel auch ohne Nadeln bauen.

Oft reisen Mitglieder eines fremden Ökosystems den Bäumen mit großer zeitlicher Verzögerung nach. So wurde ich vor einigen Jahren vom Bürgermeister einer Nachbargemeinde angerufen, ich möge mir doch einmal die Coloradotanne am Bürgerhaus ansehen. Da seien so merkwürdige Tiere auf den Zweigen, und der ganze Boden unter dem Baum sei verschmutzt. Bei den Plagegeistern handelte es sich um Coloradotannen-Rindenläuse, doppelt so groß wie heimische Blattläuse und pechschwarz. Sie waren offenbar mit Importgütern aus Nordamerika eingeschleppt worden und machten sich nun über die passenden Gartenbäume her.

Die bei fremden Gehölzen oft gerühmte Robustheit rührt genau da her: aus dem Fehlen von Krankheitserregern und Parasiten, die noch in der alten Heimat verweilen. Durch die Globalisierung ist daraus ein Roulettespiel geworden, bei dem die Überraschungsgäste jederzeit auftauchen können.

Manchmal halten sich importierte Baumarten auch nicht an das ihnen zugewiesene Areal. Sie büchsen aus (in Form von Samen) und siedeln sich unkontrolliert in der freien Landschaft an. Hätten wir noch die alten Buchenurwälder, so könnte nichts passieren: Die Mutterbäume werfen so dunkle Schatten, dass andere Arten keine Chance haben.

In den künstlichen Forsten dagegen, in denen immer wieder Kahlflächen auftreten, kann sich so manche Art rasch ausbreiten. Die Spätblühende Traubenkirsche, ebenfalls ein Nordamerika-Import, wurde einst als Parkbaum eingeführt. Forstwirtschaftlich ist der Baum nicht zu nutzen, da er hier, im Gegensatz zu seiner alten Heimat, mehr buschförmig wächst. Gegenwärtig breitet sich diese Art großflächig in den Kiefernwäldern Ost- und Norddeutschlands aus, so massiv, dass kaum noch andere Vegetation eine Chance hat. Forscht man etwas genauer nach, so sind es die unnatürlich hohen Wildbestände, vor allem Rehe und Hirsche, die diesen Baum begünstigen. Traubenkirsche schmeckt ihnen gar nicht, und da stattdessen einheimische Laubbäume gefressen werden, kann sich die fremde Art ohne Konkurrenzsorgen prächtig entwickeln.

Das kann man pauschalisieren: Werden eingeführte Arten zu einem Problem, weil sie sich unkontrolliert ausbreiten, so ist dies immer ein Hinweis auf eine Natur, die nicht mehr im Gleichgewicht ist.

Wenn Sie die Pflanzung von Bäumen im Garten planen, so sollten Sie sich deshalb vorher informieren, ob die gewünschte Art sich diesbezüglich friedlich verhält.

Waldsterben

Anfang der 80er-Jahre des letzten Jahrhunderts prognostizierten Wissenschaftler den Untergang der Wälder. Der Regen war sauer und verätzte Blatt- und Wurzelwerk. Bereits im Jahr 2000 sollten nur noch kahle Höhenzüge in der Landschaft stehen und lediglich tote Stämme an die einstige Pracht erinnern.

Dass dies eine maßlose Übertreibung war, wissen wir heute, doch durch die hervorgerufene Angst vor einer öden Umwelt hat sich viel getan. Gesetze zur Reinhaltung der Luft und die Einführung von Katalysatoren haben dazu geführt, dass der Säureeintrag fast auf vorindustrielles Niveau gesunken ist. Der Wald erholte sich von den Rückschlägen, und folgerichtig erlosch das öffentliche Interesse für die Waldzustandsberichte der Forstverwaltungen.

Sind die Bäume nun tatsächlich wieder gesund? Die Frage ist und war noch nie ganz einfach zu beantworten. Schauen wir uns zunächst einmal den Zustandsbericht an. Zur Erstellung werden in einem Raster von 16 × 16 km Probepunkte eingerichtet. An diesen Stellen werden die Bäume von Fachleuten begutachtet. Dabei interessieren vor allem das Laub und die Nadeln. Wie viel davon trägt der Baum, wie fit sieht er aus? Lücken in der Krone, Vergilbungserscheinungen an den Blättern führen zur Einstufung »krank«. Klingt ganz einfach, oder? Nun haben wir schon besprochen, dass ein gesunder Baum nicht so anfällig ist wie ein leidendes Exemplar. Und leidend sind etwa die Fichten ständig, da es für sie fern ihrer natürlichen Heimat hier bei uns viel zu warm und zu trocken ist. Leichter krank werden auch Buchen, denen durch Holzeinschlag die Nachbarn genommen werden, die nun Sonnenbrand haben und denen schwerste Erntemaschinen die Wurzeln zerquetschen. Diese Ursachen untersuchen die Aufnahmeteams nicht. Die Folge: Sieche Bäume werden zwar richtig erkannt, der Grund ihres Leidens wird aber einfach auf die Luftverschmutzung geschoben.

Ein weiteres Phänomen verfälscht die Aufnahmen stark. Erinnern wir uns an das Kapitel »Der alte Baum« auf Seite 122. Sterben in der Krone hoch droben Zweige ab, so weht sie der nächste Sturm herab, sodass der Baum schrumpft. Genau so ergeht es den kranken Exemplaren: Sterben schadstoffbedingt Äste ab, so beseitigt sie eine heftige Windböe. Kommt nun das Aufnahmeteam nach einem Orkan, so ist der Baum kürzer geworden, aber die verbliebenen Äste scheinen gesund. Also wird er auch entsprechend taxiert.

Eine weitere Störgröße ist der Förster. Sieht er einen kranken Baum, so lässt er ihn mithilfe der Waldarbeiter fällen, bevor er ganz abstirbt und damit wertlos wird. Inspiziert das Aufnahmeteam im nächsten Jahr den Messpunkt, so wird der fehlende Baum einfach durch den nächststehenden ersetzt. Dieser ist definitiv gesünder (sonst hätte ihn der Förster gleich mitentfernt).

Infolge dieser merkwürdigen Systematik kann die Waldschadensstatistik nicht über einen gewissen Punkt fortschreiten – die geschädigten Exemplare werden ja laufend beseitigt.

Dennoch scheinen die Wälder aktuell gesünder als noch vor 20 Jahren, und die Luft ist tatsächlich messbar sauberer geworden. Probleme gibt es aber weiterhin: beispielsweise den Stickstoffeintrag aus Landwirtschaft und Verkehr. Die Stickoxide, die Millionen Auspuffrohre verlassen, der Gülleregen hinter dem Traktor, die Darmwinde von Rindern, der Stickstoffdünger der Felder, von dem ein Großteil wieder in die Atmosphäre ausgast – all das lässt einen Ammoniakregen auf den Wald herunterrieseln, der neben der Säure auch jede Menge Stickstoff an jeden Baum bringt. Und diese unbeabsichtigte Düngergabe zeigt ihre Wirkung: Buchen, Eichen, Fichten und Co. geben spürbar mehr Gas beim Wachstum. Sie legen an Höhe und Umfang jährlich rund ein Drittel mehr zu als noch vor 30 Jahren. Die Wachstumstabellen der Forstverwaltungen, Kalkulationsgrundlage für den Holzeinschlag, mussten bereits angepasst werden.

Was nach strotzender Gesundheit klingt, ist für die Bäume ein Kraftakt, der negative Folgen hat. Durch die Düngung mit Schadstoffen verausgaben sie sich und haben entsprechend wenig Energie zur Krankheitsabwehr zur Verfügung. Es ist in etwa so wie mit gedopten Bodybuildern, die zwar riesige Muskelberge aufbauen, aber dafür ihren Körper ruinieren.

Hinzu kommt noch eine hohe Ozonbelastung an heißen Sommertagen, die auf Autoabgase zurückzuführen ist. Ozon ist die aggressive Variante von Sauerstoff und verätzt Nadeln und Blätter.

All diese Belastungen bewirken zusammen eine Schädigung, die sich auf dem Niveau der frühen 80er-Jahre bewegt – das Waldsterben, besser die Waldschädigung hat heute also nur andere Ursachen.

Der durch Luftschadstoffe bedrängte Baum zeigt sein Leid deutlich. Zunächst wirft er einen Teil der Nadeln und Blätter ab. Das klingt paradox, denn hierdurch verliert er weiter an Vitalität, kann er doch weniger Energie tanken. Der Verlust ist auf Verätzungen zurückzuführen. Bevor das Laub ganz abstirbt, zieht der Baum wie im Herbst schnell Reservestoffe ab, um nicht noch mehr Kraft zu verlieren. Nadelbäume offenbaren diesen Prozess besonders deutlich: So hat eine gesunde Fichte etwa sieben Nadeljahrgänge an ihren Ästen, gut erkennbar an den in Etappen gebildeten Trieben, die sich ähnlich den Astquirlen zählen lassen. Jedes Jahr kommt ein neuer Jahrgang hinzu und ein alter, ausgedienter wird abgestoßen. Bei der Kiefer sind es drei bis vier Generationen, bei der Weißtanne schon mal zehn und mehr.

Verliert der Baum jedoch schneller Nadeln, als neue hinzukommen, so schrumpft die Zahl der Jahrgänge immer mehr. Die Folge: Der Baum bekommt eine durchsichtige Krone. Das gilt auch für die Laubbäume. Sie bilden zwar alle Blätter jährlich neu, da aber durch die Schadstoffdusche kleine Zweige absterben, wird die grüne Pracht auch hier von Jahr zu Jahr weniger.

Eine alte Försterregel besagt: Im Wipfel eines gesunden Baumes darf man keine Vögel sitzen sehen. Will heißen, dass die Belaubung/ Benadelung so dicht ist, dass sich Tiere in der Krone verstecken können.

Noch einfacher wird die Beurteilung für Sie, wenn Sie den Verlauf des Schaftes von der Wurzel bis zur Spitze betrachten. Bei einem gesunden Baum versperrt ab einer gewissen Höhe die Belaubung die Sicht. Ist es Ihnen dagegen möglich, den Stamm bis oben durch die Krone zu sehen, so ist der Baum bereits deutlich geschwächt.

Ob Ihr Baum bei lang anhaltenden Schönwetterperioden Ozonschäden davonträgt, zeigt ein Blick aufs Blatt. Verfärbt es sich während der heißen Tage gelb (mit Ausnahme der Blattadern)? Wird es gar bronzefarben? Oder zeigen die Nadeln bei Nadelbäumen kleine Sprenkelungen? Die Verätzungen sind zunächst nur auf der Oberseite zu sehen, erst bei längerer Ozoneinwirkung ist auch die Unterseite betroffen.

Helfen können Sie den Bäumen nicht, und schon im kommenden Jahr vermögen sie sich wieder zu erholen. Allerdings schwächt Ozon einen Baum, und ist er nicht topfit, so kann das Gas in Zusammenhang mit anderen Faktoren weitere Krankheiten auslösen.

Fieber

Momentan konzentriert sich die Politik in Sachen Umweltschutz auf ein großes Thema: den Klimawandel. Steigende Temperaturen, zunehmende Trockenheit, abschmelzende Polkappen und stärkere Stürme – unser Planet scheint ein Patient mit Fieber zu sein. Erhebliche Anstrengungen werden vor allem in Europa unternommen, um den Anstieg auf zwei Grad Durchschnittstemperatur zu begrenzen. Ist dies überhaupt sinnvoll? Keine Sorge, ich gehöre nicht zu der Fraktion, die den Anteil des Menschen an diesen Prozessen abstreitet, dennoch lohnt es sich, die Wirkung des bisherigen Handelns einmal genauer anzusehen.

Für Bäume von Bedeutung ist der massive Einsatz von Biomasse. Ein Kraftwerk nach dem anderen schießt aus dem Boden, und der Bedarf an Brennstoffen ist riesengroß. Zunehmend gewinnt neben Mais und Raps Holz an Relevanz. Das Fatale: Die in den Wäldern nachwachsenden Bäume konnten schon bisher nicht den Holzhunger der Industrie decken. Wird nun mehr und mehr in Kraftwerken verbrannt, so spitzt sich der Engpass weiter zu. Die Lösung der Forstverwaltungen: Wirtschaftlich unbedeutendes Holz, also Baumkronen, Reisig oder Baumstümpfe, werden als Rohstoffpotenzial deklariert und zunehmend genutzt. Hatte man bisher immer behauptet, die unaufgeräumt wirkenden Reste aus ökologischen Gründen im Wald zu belassen, so wird nun gerade das Gegenteil erzählt. Ganze Landkreise möchten mithilfe der zu Hackschnitzeln zerschredderten Hölzer CO_2-neutral werden.

Damit werden die Nährstoffkreisläufe empfindlich gestört, da immer weniger Biomasse im Kreislauf der Natur verbleibt. Der Waldboden blutet regelrecht aus und verarmt.

Eine bittere Wahrheit ist es, dass die Annahme, Holz sei in der Verbrennung klimaneutral, nicht mehr haltbar ist. Bisher ging man davon aus, dass der Baum beim Verheizen ebenso viel Kohlendioxid freisetze, wie er beim Wachstum aufgenommen habe. Egal, ob der Mensch mit seiner Verfeuerung oder Pilze und Bakterien beim Abbau, das gesamte Kohlendioxid werde wieder freigesetzt. Und das ist falsch. Ein Forschungsverbund europäischer Universitäten und Institute hat unter dem Namen *Carboeurope* eine breit angelegte Untersuchung gestartet. Und kam zu dem Schluss, dass Wälder fortwährend Kohlenstoff einlagern. Gerade alte Wälder sind als CO_2-Speicher von enormer Bedeutung. Erst mit der regelmäßigen forstwirtschaftlichen Nutzung verlieren sie diese Funktion und gehen tatsächlich in einen Kreislauf über, indem dieser Speicher ständig wieder geleert wird.

Die immer stärkere Ausbeutung unserer Forste stellt demnach keinen nennenswerten Beitrag zum Klimaschutz dar (dazu müsste man sie in Ruhe lassen), ganz im Gegenteil wird dabei durch das Plündern aller Holzreste das letzte bisschen Natur zerstört.

Die Umweltzerstörung ist das eigentliche Übel, denn ein Klimawandel kann gesunde Bäume nicht so schnell aus der Ruhe bringen.

Reisig oder Baumstümpfe bleiben immer weniger in den Wäldern liegen. Die Waldböden verarmen und das Ökosystem wird nachhaltig gestört.

Die Änderung von Temperatur und Niederschlag ist etwas, womit sie immer schon klarkommen mussten. Denn innerhalb eines Baumlebens von 400 bis 500 Jahren bleiben diese Faktoren nie konstant.

Wie viel die Arten ertragen können, zeigt ein Blick auf ihr jeweiliges Verbreitungsgebiet. So findet man die heimischen Buchen von Sizilien bis Südschweden, geografischen Räumen also, in denen recht unterschiedliche Bedingungen herrschen. Die prognostizierten zwei bis vier Grad Erwärmung, die uns drohen, sind nach dem aktuellen Stand der Forschung für heimische Laubhölzer unproblematisch. Schwierig wird es nur für die eingeführten Nadelhölzer, denen es hier ohnehin schon zu warm ist. Der Klimawandel bedeutet für den Wald eher eine Chance, den massenhaften Anbau von Fichten, Kiefern und Lärchen endlich zu korrigieren.

Jetzt auf wärmeliebende Baumarten umzusatteln, ist aber weder für die Forstwirtschaft noch für den Gartenfreund ratsam. Denn das Nadelöhr für viele Arten sind strenge Winter. Eine Erhöhung der Durchschnittstemperatur bedeutet nicht, dass es keine klirrende Kälte mehr geben wird. Solche Ereignisse werden zwar immer seltener, sie werden aber ab und zu dennoch eintreten. Und was nützt es einem Baum, wenn statt alle zwei Jahre nur noch alle zwanzig Jahre tiefe Minustemperaturen die Knospen und Zweige erfrieren lassen?

Daher gilt der klare Rat: Ruhe bewahren. Heimische Bäume, ob Buche, Eiche oder Obstgehölze, sind bestens für die Zukunft gerüstet. Nichtheimische Arten, die bisher schon problematisch waren, können dagegen Schwierigkeiten bekommen.

Ausrottung

Bäume sind sehr flexible Wesen, wie wir festgestellt haben. Von vielen Wunden, die die Menschheit den Wäldern zufügt, können sich die Arten erholen. Eine große, wenig beachtete Gefahr droht jedoch von ganz anderer Seite: die genetischen Ausrottung.

Seit der Mensch Wälder planmäßig bewirtschaftet, greift er züchterisch ein. Zunächst waren die Obstbäume an der Reihe. Nachwuchs wurde nur von den Exemplaren mit den größten Früchten gewonnen, ein Vorgang, der schon seit mindestens 3000 Jahren anhält. Eine Beschleunigung erfuhr diese Züchtung durch das Veredelungsverfahren, bei dem einfach besonders gut fruchtende Zweige auf andere Bäumchen gepfropft werden. Die Wartezeit vom Sämling bis zum blühenden Baum und mögliche Überraschungen negativer Art gehörten fortan der Vergangenheit an.

Für die wilden Populationen von Birnen und Äpfel hatte dies gravierende Folgen. Denn die bestäubenden Bienen unterscheiden nicht zwischen wild und gezüchtet, suchen sowohl beim einen als auch beim anderen Baum nach Nektar und Pollen. Bei diesem bunten Treiben übertragen sie Zuchtpollen auf Wildblüten. Der folgende Samen des Wildbaums ist nun eine Kreuzung, kann keinen Beitrag mehr zum Erhalt der Wildform leisten.

Da die Vermischung schon seit Jahrtausenden andauert, gehen viele Wissenschaftler davon aus, dass es in Mitteleuropa mittlerweile keine echten Wildäpfel und -birnen mehr gibt.

Aber auch den anderen Arten geht es an den Kragen, allerdings etwas subtiler. Jeder Förster wählt beim Durchforsten diejenigen Bäume aus, die gefällt werden sollen. In den ersten 100 Jahren eines Waldbestands sind dies immer Exemplare, die irgendeinen Mangel aufweisen. Sie sind zu krumm, drehwüchsig, haben zu dicke Äste oder einen Zwiesel; kurzum, alles, was sich nicht gut verarbeiten lässt, wird im Laufe der Jahre gefällt. Dick werden dürfen nur diejenigen Bäume, die im Erntealter bestes Holz und damit höchste Profite versprechen. Kurz vor der Ernte sollen sie sich noch einmal vermehren und ihre guten Eigenschaften auf die nächste Generation übertragen.

Das ist nichts anderes als Zucht, auch wenn das die meisten Förster von sich weisen würden. Der Fachbegriff »Auslesedurchforstung« spiegelt aber genau dies wider.

Die Konsequenz: Die einst genetisch sehr weit gefächerten Populationen der einzelnen Baumarten, ihr Reichtum an verschiedensten Eigenschaften, werden stark eingeschränkt. Und damit auch ihre Fähigkeit, auf Umweltveränderungen zu reagieren.

Beschleunigt wird dieser Effekt durch Anpflanzungen. Das notwendige Saatgut zur Nachzucht von jungen Bäumen in Fachbetrieben darf nur aus eigens staatlich anerkannten Waldbeständen stammen. Die Anerkennung erhalten sie nur, wenn sie im erheblichen Maße Exemplare aufweisen, die die gewünschten Eigenschaften aufzeigen. Aus Sicht der Natur sind dies allerdings genetisch besonders eintönige Bäume, denen ohnehin schon gewisse Charakterzüge fehlen.

Millionenfach in die Wälder gepflanzt, bedroht diese Eintönigkeit die Eigenarten der jeweiligen Waldgebiete. Buchen im Harz unterscheiden sich stark von Buchen im Schwarzwald oder in Tirol. Wachsen die Baumschulzöglinge zu erwachsenen Bäumen heran, verteilen sie mit jedem Windstoß des Frühjahrs ihren Pollen, so werden über kurz oder lang lokale Populationen der Baumarten verschwinden. Sie teilen in einer nicht allzu fernen Zukunft das Schicksal der Obstbäume.

Als ob das noch nicht reichte, setzt der Bioenergieboom noch eins obendrauf. Immer mehr Landwirte gehen dazu über, Kurzumtriebsplantagen anzulegen. Dazu werden Pappel- oder Weidenstecklinge in den Ackerboden gesetzt und dann, als armdicke Bäumchen, nach fünf bis zehn Jahren mit einer Erntemaschine zerschreddert. Die Holzschnipsel dienen als Brennstoff für Biomassekraftwerke.

Die Stecklinge sind eigene Züchtungen, Mischungen aus verschiedenen Arten mit dem Ziel, das Wachstum und den Ertrag massiv zu steigern. Auch hier ist der Pollen das Problem. Gerade Weiden und

Pappeln blühen sehr jung, sodass von den Plantagen ein Regen von Zuchtpollen über den Wildpflanzen herniedergeht. Zudem fliegen speziell von diesen beiden Arten die Samen extrem weit (siehe Kapitel »Von Nesthockern und Nestflüchtern« auf Seite 17), sodass sich solche Bäume über kurz oder lang in der freien Landschaft ausbreiten.

Gerade in diesem Zusammenhang ist die Ausweisung großflächiger Schutzgebiete von vorrangiger Bedeutung. Und zwar je größer, desto besser: 100 Quadratkilometer und mehr sollten es schon sein, um Beeinflussungen aus dem benachbarten Kulturland so gering wie möglich zu halten. Solche Wildnisinseln sind eine Arche Noah für viele Tier- und Pflanzenarten. Nebenbei erhalten sie die genetische Vielfalt der Bäume und können so auch wirtschaftliche Bedeutung erlangen. Was wäre, wenn sich unsere Wälder aus Zuchtbäumen plötzlich als anfällig für bestimmte Krankheiten herausstellten? Wäre es nicht schön zu wissen, dass man eine genetische Sparkasse in Form von Schutzgebieten hätte, aus denen man sich in Zeiten der Not bedienen könnte, um neue Wälder zu begründen?

So lautet denn auch eines der Ziele der deutschen Bundesregierung: Fünf Prozent der Waldfläche sollen langfristig unter Schutz gestellt werden. Dann könnten immer noch 95 Prozent aller Wälder knallhart kommerziell genutzt werden. Doch der Widerstand ist riesengroß, er bildet sich, keine Überraschung, aus den Reihen der Holz- und Forstwirtschaft. Schutzgebiete seien überflüssig, so argumentieren dann die Lobbyisten, da die klassische Forstwirtschaft sämtliche Naturschutzbelange bestens berücksichtige. Das ist in etwa so bizarr, als behauptete ein Landwirt, seine Kühe im hochmodernen Riesenstall stellten einen Beitrag zur Erhaltung der Wildrinder dar.

Dennoch sind die fünf Prozent Fläche momentan nicht konsensfähig, und angesichts der aktuellen Modeerscheinung, alle Änderungen nur im Diskussionsprozess und Einigungsverfahren herbeizuführen, wird in fast sämtlichen Wäldern munter weitergewirtschaftet. Da Forstwirtschaft als naturschutzkonform gilt, können nebenbei selbst Naturschutzgebiete abgeholzt werden. Es ist also noch ein weiter Weg für unsere Bäume.

Ein paar Worte zum Schluss

Sie werden gemerkt haben: Ich liebe Bäume. Das war nicht immer so.

In jungen Jahren war es die Natur, die mich in ihren Bann zog. Ob in den Bergen, ob am Meer, ob in tiefen Wäldern, ich war gerne draußen und genoss unendliche Weiten unter blauem Himmel.

Als Förster nahm der Umgang mit der Schöpfung für mich ganz konkrete Formen an. Ich lernte, wie man Wälder bewirtschaftet, wie man pflanzt, pflegt und erntet und die Holzindustrie mit Rohstoffen versorgt.

Zweifel mit dem Schematismus, den mich Professoren lehrten, kamen mir schon nach wenigen Jahren. Ich begann, mich nach alternativen Bewirtschaftungsformen umzusehen. Naturgemäß wirtschaftende Kollegen, dünn gesät unter dem Gros der Förster, zeigten mir sanfte Wege des Umgangs mit Bäumen auf. Ich lernte, Bäume in verschiedenen Generationen auf gleicher Fläche zu erhalten und ihr soziales Miteinander zu berücksichtigen. Der Wald atmete spürbar auf, aber für mein Inneres war es noch nicht der große Durchbruch.

Erst als in meinem Revier ein alter Buchenwald unter Schutz gestellt wurde, indem wir ihn zu einer Ruhestätte für Urnen deklarierten, kam der Wandel. Die Menschen, die sich hier ein Grab aussuchten, sahen die Bäume mit anderen Augen. Schön glatte Stämme, tauglich für beste Holzware? Das interessierte niemanden. Knorrige Äste am Schaft, eine interessante Krümmung, Untermieter in Form von Spechten, das war es, was die Käufer suchten. Und mit ihnen lernte ich, genauer hinzuschauen und auf Dinge jenseits aller Forstwirtschaft zu achten.

Das Phänomen der alten Baumstümpfe, die von befreundeten Bäumen über viele Jahrhunderte am Leben gehalten werden, die Tatsache, dass es mutige und weniger mutige Exemplare gibt (zur Zeit des Laubabwurfs erkennbar), die unendliche Fähigkeit des Nachwuchses, im Schatten der Mutterbäume zu warten, all das habe ich seither lernen und beobachten dürfen.

Es war für mich, um das einmal ganz drastisch auszudrücken, wie der Wandel von der Massentier- zu einer ökologischen Haltung.

Für mich hat nun jeder Baum einen individuellen Wert. Und die Arbeit im Wald oder im Garten ist viel herzerfrischender, weil ich ständig besondere Charaktereigenschaften der großen Holzgewächse entdecke, die mich oft genug schmunzeln lassen.

Ich wünsche auch Ihnen eine spannende Entdeckungsreise zu Ihren Bäumen, und vor allem viele vergnügliche Stunden.

Der Autor

Der Förster Peter Wohlleben war zwanzig Jahre Beamter in der Landesforstverwaltung Rheinland-Pfalz, bevor er sein »Traumrevier« in der Eifelgemeinde Hümmel (Kreis Ahrweiler) übernahm. Dort setzt er konsequent auf den Aufbau urwaldähnlicher Laubwälder, setzt Pferde statt tonnenschwerer Holzerntemaschinen ein und verzichtet komplett auf den Einsatz chemischer Substanzen.

Peter Wohlleben ist engagierter Naturschützer, bietet Waldführungen mit Survivaltraining und Blockhüttenbau an, hält Vorträge und schreibt Bücher über sanfte Wege der Waldnutzung. (Mehr erfahren Sie unter www.peter-wohlleben.de.)

Index

A

Abschiedskragen 75
Abwasserleitung 148
Altersklassenwald 13
Altersschätzung 119
Amme 151
Angstreiser 62
Apfelbaum 130
Assel 90
Astbruch 169
Äste 53
Astnarben 70
Astquirl 119
Astring 75, 141
Astwunde 71
Auslesedurchforstung 187

B

Bakterienbefall 87
Bastschicht 66
Baumfäkalien 90
Baumkinder 17
Baumscheibe 133
Baumschnecke 109
Baumschnegel 109
Baumschnitt 139
Baumwachs 140, 141
Befruchtung 136
Bestäubung 97
Beulen 74
Bioenergie 187
Biomasse 184
Birke 14
Blätter 83
Blattfall 84
Blitzschlag 47
Blührhythmus 98
Blüte 95
Boden 30
Bodenfließen 20
Bodenschäden 32
Borke 68
Borkenkäfer 81, 110
Braunfäuleerreger 46
Buchdrucker 111
Buche 30

C

Carotinoide 84
Cellulose 40
Chinesenbart 71
Coloradotannen-Rindenlaus 179

D

Dendrochronologie 119
Drehwuchs 154
Druckholz 42
Durst 160

E

Edelreiser 136
Efeu 115
Eiche 10
Eichelhäher 17, 100

Eichenwickler 163
Eichhörnchen 100
Einwachsung 155
Erdaushub 134
Eremit 113
Erle 86

F
Fällung 173
Fäulnis 127
Fäulniserreger 73
Faulpelz 57
Feuerbrand 165
Fichte 28, 110
Flachwurzler 31
flaschenförmiger Wuchs 168
Flechten 79
Fortpflanzung 95
Freundschaft 55
Frostschutzmittel 88

G
Gene 96

H
Hainbuche 150
Hängebirke 14
Hängematte 145
Harz 80
Hecke 143
Heckenschnitt 143
Herbstfärbung 87
Hirsch 176
Hitze 160
Höchstalter 125
Hohlkehle 59
Holz 39
Humus 90

I
immergrün 88
Insekten 163
Interzeption 160

J
Jagd 175
Jahresringe 119
Juchtenkäfer 113

K
Kambium 65
Kernholz 41
Kiefer 114
Klettergarten 147
Kletterpflanzen 116
klimaneutral 184
Klimawandel 183
Kohlenstoff 184
Kommunikation 103
Konsolenpilz 47
Krankheiten 159
Krebs 172
Krone 23
Kronenpfad 146
Kronenverlagerung 21
Kupfernagel 153
Kurzumtriebsplantage 187

L
Laub 83
Laubbäume 20
Laubfresser 90

Laus 109
Lichtbaumart 107
Lignin 40
Linde 52
Luftverschmutzung 164

M
Mastjahre 101
Mistel 116
Mitbewohner 109
Mittelspecht 78
Moorbirke 14
Moosbesatz 122
Moose 80
Müllabfuhr 90
Mykorrhiza 34

N
Nachhaltigkeit 13
Nadelbäume 19, 88
Niederwald 50
Nistkasten 153

O
Obstbaum 143
Ozon 165
Ozonschäden 183

P
Pappel 64
Pflanzung 131
Pfropfreiser 165
Pilze 34, 46
Pionierbaumart 18
Pollen 96

R
Rangordnung 24
Regen 160
Regenwürmer 90
Reh 176
Rinde 65
Rindenfalte 77
Rindenverletzung 106
Ringelung 67, 161
Riss 44
Rose 73
Rotbuche 158
Rote Waldameise 179
Rückschnitt 139

S
Samen 99
Sämling 15
Schattbaumart 107
Schattenblätter 167
Schaukel 146
Schiefstand 170
Schmerzen 156
Siegel 72
Sonnenbrand 166
Sortenvielfalt 166
Spalierobst 145
Spätblühende Traubenkirsche 179
Specht 77, 112
Splintholz 41
Splitterschaden 76
Stacheldraht 157
Stamm 26, 39
Stammriss 170
Stieleiche 10
Stockausschlag 49

Storchennestkrone 122
Streithähne 55
Stress 98
Streusalz 173
Sturm 26, 128
Stützwurzel 36
Superorganismus 103

T
tausendjähriger Baum 125
Textilband 147
Tod 127
Totholz 92, 128
Traubeneiche 10

U
Überfüllung 134
Überwallung 70
Unglücksbalken 63
Unterlage 135
Urwald 16, 128
UV-Strahlung 167

V
Vegetationsperiode 121
veredeln 135, 136
vergreisen 144
Vitalität 123
Vogelkirsche 94

W
Waldbrand 69
Waldrebe 115
Waldschadensstatistik 181
Waldsterben 180
Wäscheleine 156
Wasserhaushalt 105
Wasserleitung 40
Wassermanagement 160
Wassertransport 29
Weißfäuleerreger 46
Wildfütterung 176
Wildnisinsel 188
Wildschwein 101
Wimmerwuchs 45
Winterschlaf 84, 105
Wühlmaus 133
Wunde 140
Wurzel 29, 131
Wurzelausläufer 148
Wurzelballen 131
Wurzeltypen 31

Z
Zugholz 42
Zugwurzel 37
Zwiesel 42

Lebensraum Garten

Werner David:
Lebensraum Totholz
ISBN: 978-3-89566-270-6

Uwe Westphal:
Hecken – Lebensräume in Garten und Landschaft
ISBN: 978-3-89566-296-6

Peter Wohlleben:
Kranichflug und Blumenuhr
ISBN: 978-3-89566-310-9

Ulrike Aufderheide:
Der sanfte Schnitt
ISBN: 978-3-89566-320-8

Natur erleben

Dirk. A. Diehl:
Ein Garten für Fledermäuse
ISBN: 978-3-89566-311-6

Peter Wohlleben:
Die Gefühle der Tiere
ISBN: 978-3-89566-337-6

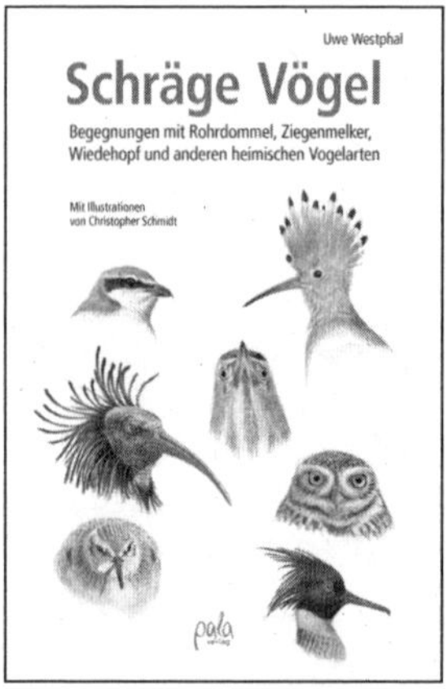

Uwe Westphal:
Schräge Vögel
ISBN: 978-3-89566-342-0

Klaus Richarz:
Vögel in der Stadt
ISBN: 978-3-89566-343-7

ISBN: 978-3-89566-299-7

Rheinstraße 35, 64283 Darmstadt
www.pala-verlag.de
4. Auflage 2015

Umschlag- und Innenillustrationen: Margret Schneevoigt

Lektorat: Barbara Reis

Satz und Gestaltung: Verlag Die Werkstatt, Göttingen
www.werkstatt-verlag.de

Druck: fgb – Proost Industries, Freiburg im Breisgau
www.fgb.de
Printed in Germany

Dieses Buch ist auf Papier aus
100 % Recyclingmaterial gedruckt
und klimaneutral produziert.

Print CO_2 kompensiert
Id-Nr. 1547485
www.bvdm-online.de